ANTON SCHMID

JAGD ZUBEHÖR SELBER BAUEN

blv

Was Sie in diesem Buch finden

Für den Hochsitzbau 60

Zum Fallenstellen 76

Für die Wildversorgung 90

Vorwort

Für die Jagd, die Hege des Wildes sowie die Verwertung der Beute werden viele Dinge benötigt. Entsprechend umfangreich ist daher auch das Angebot bezüglich Jagdwaffen, Munition, Optik, Bekleidung und Zubehör in den einschlägigen Jagdkatalogen. Der Zubehörteil nimmt dabei regelmäßig die meisten Seiten in Anspruch, wenn man Jagd- und Sportwaffen getrennt betrachtet. Fast alles, was das Jägerherz begehrt, kann man daher in Jagdgeschäften erwerben. Aber eben doch nur fast alles. Vor allem größere Artikel, wie z. B. Rehwildfütterungen, die man auch schon zu den Reviereinrichtungen zählen könnte, muss man sich selbst bauen oder bauen lassen. Und dann kann man auch vieles für weniger Geld bekommen, wenn man es selbst macht. Zumindest dann, wenn man die eigene Arbeitszeit nicht mit einrechnet. Und das kann man auch mit gutem Gewissen tun, wenn man bedenkt, dass das Herstellen der Ausrüstungsteile ja auch Spaß macht und die Freude an selbst hergestellten Dingen die dafür aufzuwendende Zeit wert ist.

Voraussetzung dafür, dass das Herstellen aber auch wirklich Spaß macht, ist, dass man geeignetes Werkzeug und Material richtig verwendet. Daher wird in einem Kapitel vorweg hierauf kurz eingegangen. Damit man an den hergestellten Dingen auch wirklich Freude hat, müssen diese aber auch gut gelingen. Die nachfolgenden Anleitungen sollen Ihnen dabei helfen.

Auswahl der selbst herzustellenden Dinge

Natürlich sind viele Zubehörteile, wie Wildkameras, Funkgeräte, Lampen oder Jagdhörner, von Laien gar nicht selbst herzustellen. Andere Teile, vor allem solche, die überwiegend aus Metall bestehen, wie Waffenschränke, Messer oder Aluleitern/-sitze, könnten nur mit speziellen Kenntnissen und Geräten hergestellt werden. Im Folgenden habe ich mich daher auf einfach herzustellende Artikel beschränkt. Dabei ist »einfach herzustellend« natürlich relativ. Ich habe daher bei jedem Teil auch angegeben, inwieweit seine Herstellung bezüglich Aufwand (Material und Werkzeug) und handwerklichen Fertigkeiten aus meiner Sicht eher als »einfach«, »mittelschwer« oder »schwierig« einzustufen ist. Neben den sehr aufwendig herzustellenden Artikeln habe ich ebenso wenig behandelt die vielen (Massen-) Artikel, die man selbst einfach kaum besser oder preiswerter herstellen kann als die Industrie, wie z. B. Putzstöcke, Schaftkappen, Rucksäcke oder Futterale.

Dr. Anton Schmid

Material und dessen Verarbeitung

Mit dem richtigen Werkzeug und Material und ein paar Tricks zu deren Verwendung geht das Herstellen des Jagdzubehörs gleich viel leichter. Deshalb rentiert es sich auch nicht, hier zu sehr zu sparen. Dabei muss man anderseits – vor allem bei seltener genutztem Werkzeug – hier auch nicht immer das neueste Hightech-Werkzeug haben. Wichtiger ist vielmehr, dass man je nach Objekt die richtigen Werkzeuge und Materialien verwendet. Im Folgenden habe ich daher vorweg ein paar eigene Erfahrungen hierzu vorangestellt.

Baumaterial Schnittholz

Bei mehr als der Hälfte des nachfolgend behandelten Jagdzubehörs wird Schnittholz, also Kanthölzer oder Bretter, verwendet. Dieses holt man sich normalerweise vom Sägewerk oder aus dem Baumarkt. Beim Sägewerk werden die Querschnitte der Hölzer in Zentimeter und im Baumarkt in Millimeter angegeben. Da ich die Hölzer selbst sowohl vom Sägewerk als auch vom Baumarkt (z. B. wenn ich gleichzeitig Siebdruckplatten brauchte) bezogen habe, habe ich jeweils die tatsächlichen Maße verwendet. Man kann aber auch Teile aus den meist etwas größeren Abmessungen der Sägewerke mit solchen aus dem Baumarkt herstellen, also z. B. statt Kanthölzern 3 × 5, 4 × 6 oder 6 × 6 (in cm) solche mit 28 × 48, 38 × 58 oder 58 × 58 (in mm) verwenden. Auch ist es meist egal, ob man gehobeltes oder ungehobeltes Holz verwendet. So bekommt man in Baumärkten, die ich kenne, beispielsweise keine ungehobelten 18er-Bretter, muss also hier gehobelte nehmen. Dies ist aber höchstens bezüglich des Preises von Nachteil.

Wichtiger als die exakten Abmessungen und die Oberflächenbearbeitung (gehobelt oder nicht gehobelt) sind dagegen die Materialqualität (Risse, Asteinschlüsse) und -geometrie (Krümmung, Verdrehung). Hier genau hinzusehen, lohnt sich.

Sägen

Es gibt unzählige Varianten von Sägen: für Metall, Holz oder andere Materialien, für gerade oder für gekrümmte Schnittlinien, für grobe und für feine Arbeiten, von Hand, elektrisch oder mit Vergasermotor betriebene. Die von mir für die Herstellung von Jagdzubehör meistens verwendeten Sägen sind folgende:

1_Akkumotorsäge

Im Gegensatz zur normalen Motorsäge leiser, ohne Abgase und kein Anlassen. Auch dicke Kanthölzer oder Stangenhölzer sind kein Problem.

2_Handkreissäge

Ideal, um einen langen geraden Schnitt auszuführen. Durch die Tiefenbegrenzung gut geeignet für das Aussparen von Holz z. B. bei sich kreuzenden Diagonalstreben.

3_Kappsäge

Rechtwinklige Schnitte und Schnitte in einem bestimmten Winkel sind damit sauber auszuführen. Besser wäre noch eine Kapp-Zugsäge, da damit auch etwas breitere Bretter besser zugeschnitten werden können.

4_Stichsäge
Für leicht gekrümmte Schnittlinien, auch für gerade Schnitte verwendbar.

5_Dekupiersäge
Spezialsäge für stark gekrümmte Schnittlinien, z.B. für das Ausschneiden von Trophäenbrettern mit stark eingebuchteten Rändern (Eichenlaub).

6_Japanische Zugsäge
Sehr feine Schnitte, sehr scharf, vielseitig verwendbar. Die Schnitte werden bei mir damit einfach sauberer als mit einer Bügelsäge oder einer Spannsäge.

7_Metallsäge
Man kann hier die Sägeblätter für verschiedene Materialien wechseln. Wegen der Größe ziehe ich sie kleineren Bügelsägen meist vor.

Wenn man bei den verschiedenen Zubehörteilen bzw. den dabei durchzuführenden Arbeitsschritten die jeweils geeignetste Säge verwendet, tut man sich zwar oft viel leichter, es geht aber vieles auch mit einfachen Handsägen. Außerdem sind diese weniger gefährlich und vor allem leiser. So ist je nach Typ bei den Motorsägen auch Gehörschutz vorgeschrieben oder zumindest empfohlen. Aufschluss hierzu enthalten die jeweiligen Gebrauchsanleitungen. Dort findet man auch weitere Sicherheitsvorschriften, die jeweils zu beachten sind. Dies gilt natürlich nicht nur für die Sägen, sondern auch für anderes Werkzeug.

Bohren und Schrauben

Fast alle Arbeiten in diesen Bereichen werden hier von mir mit einem Akkubohrschrauber durchgeführt. Für exakt senkrechte Bohrlöcher kommt auch noch die Elektrobohrmaschine zum Einsatz, da ich sie in einen Bohrständer einspannen kann. Aber selbst hier verwende ich immer mehr die Akkubohrmaschine und Bohrschablonen. Als Bohrschablonen nehme ich einfach Holzstücke, in die ich mit der Ständerbohrmaschine senkrechte Löcher mit den benötigten Durchmessern gebohrt habe. Und dann nehme ich natürlich auch noch Gabelschlüssel oder eine Ratsche für das Eindrehen von Sechskantholzschrauben (Schlüsselschrauben) und für das Anziehen von Muttern. Zum Eindrehen von anderen kleinen Schrauben werden dann auch noch manchmal Schraubenzieher mit verschiedenen Biteinsätzen verwendet. Die von mir meistens verwendeten Schrauben sind folgende:

Elektrobohrmaschine in einem Bohrständer eingespannt.

1_Schlossschrauben
Sehr stabile Verbindung. Die Hölzer werden zusammengespannt. Verbindung einfach wieder zu lösen.

2_Maschinenschrauben
Ähnlich wie Schlossschrauben, aber statt des Flachrundkopfes mit Sechskantkopf oder Senkkopf.

3_Sechskantholzschrauben (Schlüsselschrauben)
Auch sehr stabile Verbindung. Durch den Sechskantkopf lassen sich auch stärkere Schrauben gut eindrehen.

4_Senkkopfholzschrauben
Mit und ohne Schaft. Mit dem Schaft lassen sich z.B. Bretter gut an ein Kantholz drücken. Wenn möglich mit Torx-Antrieb. Im Außenbereich und bei hohen Belastungen vorzugsweise aus Edelstahl.

Schlossschrauben verwende ich meist mit 8 mm Durchmesser. Sie sollen etwa 20 mm länger sein als die zu verbindenden Teile.

Maschinenschrauben verwende ich meistens, wenn kleinere Teile fest miteinander zu verbinden sind oder wenn die Verbindung oft wieder gelöst werden muss. Auch hier muss die Schraube etwas länger sein als die zu verbindenden Teile. Alle anderen Schrauben sollen natürlich nicht länger sein als die zu verbindenden Teile.

Beim Verbinden zweier Holzteile sollte die Schraube mindestens noch mal so weit in das stärkere Holz hineinragen, als sie durch das schwächere Holz hindurchläuft. Besser ist es aber, wenn sie eineinhalb oder sogar zweimal so weit hineinragt. Für 24er-Bretter nehme ich beispielsweise Schrauben 5 × 60 und für 38 × 58-Kanthölzer Schrauben

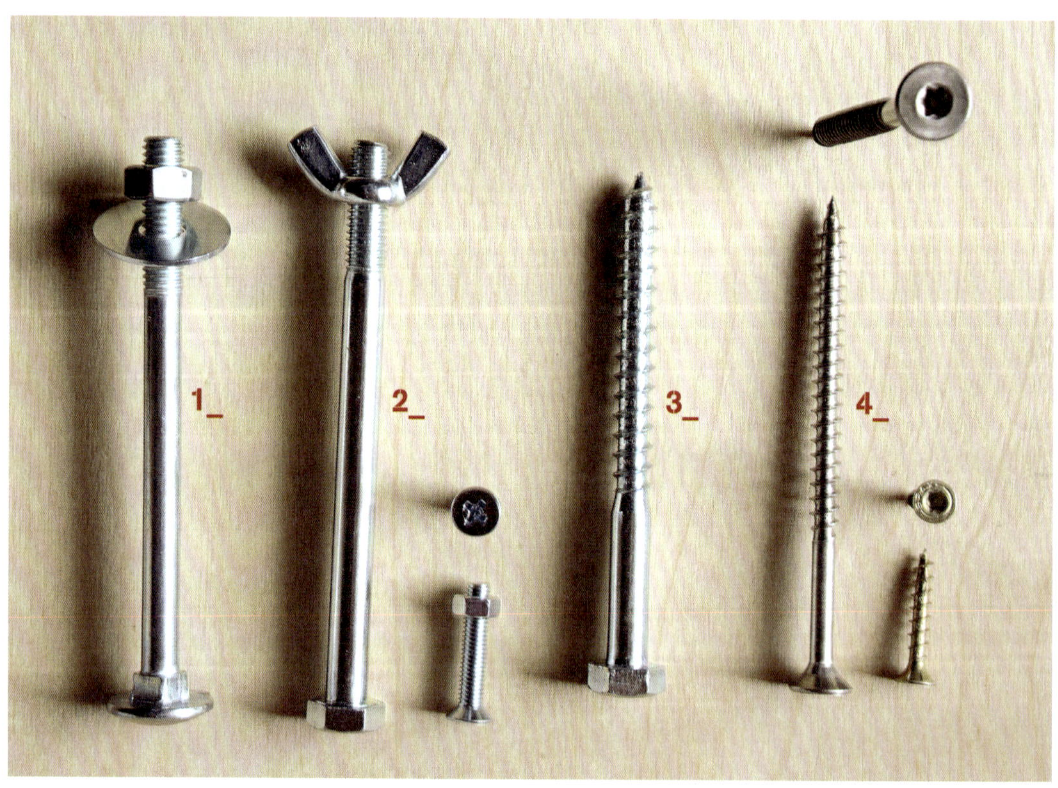

6 × 90. Vorbohren tue ich nur bei stärkeren Schrauben oder wenn das Bohrloch nahe am Holzrand liegt und ein Aufspalten der Holzfasern zu befürchten ist. In letzterem Fall verwende ich dann auch noch zusätzlich einen Kegelsenker, da ansonsten der Senkkopf das Holz wie ein Keil aufspalten kann.

Nageln und Schlagen

Für die Herstellung von Jagdzubehör genügt in der Regel ein Schlosserhammer oder ein Zimmermannshammer mit 600 g Kopfgewicht. Bei Letzterem gibt es auch welche mit Vibrationsdämpfung und mit ergometrisch geformten Handgriffen. Hier muss man einfach ausprobieren, welcher einem am besten in der Hand liegt. Nur für Verpflockungen von Fütterungen, Fasslager, Aufbrechböcken wird ein Schlägel benötigt.

Während ich für größere Hochsitze einen mit 5 kg Gewicht verwende, reicht hier einer mit 3 kg vollkommen aus. Wichtiger als das Gewicht ist dessen Verwendung. Beim Hochheben des Schlägels fasst man ihn als Rechtshänder mit der rechten Hand direkt unter dem Schlägelkopf und lässt die Hand beim Schlagen zur anderen Hand runterrutschen.

Probieren Sie es aus, wenn Sie es noch nicht schon immer so gemacht haben. Bei den wenigen Pflöcken für das Jagdzubehör spielt das zwar keine große Rolle, ansonsten werden Sie erstaunt sein, wie viel weniger Mühe das Einschlagen von Pflöcken plötzlich macht.

Kleben

Klebstoffe gibt es für fast alle Materialien und Verwendungszwecke. Beim Jagdzubehör klebe ich nur Muttern und Schrauben in die Verbindungshülsen von Pirschstecken bzw. die Hülsen direkt an die Stecken. Hierfür nehme ich einen langsam abbindenden 2-Komponenten-Epoxidharzkleber. Der langsam abbindende Klebstoff ist extrem belastbar, schlagfest, alterungs- und temperaturbeständig.

Die Endfestigkeit wird zwar erst nach einem Tag erreicht. Wenn man aber bedenkt, wie lang es dauert, bis ein Haselnussstecken richtig trocken ist, spielt das auch keine Rolle mehr.

Schweißen

Beim Jagdzubehör schweiße ich nur den »Gewindestangenstern« des Dreibeinhockers und das Auslösegestänge der Kastenfalle. Daher braucht man nicht unbedingt ein Schweißgerät, sondern kann sich diese Arbeiten von einem Schmied machen lassen.

Andererseits kosten einfache Elektrodenschweißgeräte nur wenig Geld und sind leicht zu bedienen: Zur Metallstärke passende Elektrode in den Halter klemmen, zur Elektrode passende Stromstärke einstellen, Stromklemme an das Metallstück anbringen und es kann losgehen. Aber natürlich nie ohne Schutzbrille und immer daran denken, dass die Metallteile verdammt heiß werden.

Für die Hege des Wildes

Unsere Hauptwildart in Deutschland ist meist das Rehwild. Neben der Hege mit der Büchse wird hier vor allem das Füttern in der Notzeit praktiziert. Unter günstigen Umständen (milde Winter, naturnaher Wald) gibt es bei uns für die Rehe allerdings oft keine Notzeit mehr. In anderen Fällen und vor allem in höheren Lagen tritt sie dagegen durchaus noch auf. Wer nicht gerade ein Rehhasser ist, kann eigentlich nichts dagegen haben, wenn wir dem Wild hier mit der Vorlage artgerechten Futters (keine Tiermast!) helfen. Man muss dann allerdings auch beim Abschuss berücksichtigen, dass durch das Füttern mehr Rehe durch den Winter kommen, d. h., wer füttert, muss auch schießen.

Rehwildfütterung

Herstellung: mittelschwer

Rehwildfütterungen gibt es in unterschiedlichen Größen. Für reines, trockenes Kraftfutter genügen relativ kleine Kisten (»Futterautomaten«). Für reines Raufutter braucht man normalerweise größere Raufen. In letzter Zeit hat sich allerdings immer mehr die Vorlage von Silage aus gemischtem Rau-, Saft- und Kraftfutter durchgesetzt. Diese wird in Fütterungen angeboten, die das Futter vor Niederschlägen schützen soll. Das Dach der Fütterung darf hier nicht zu groß und zu niedrig positioniert sein, da sonst die Beschickung schwierig ist. Außerdem soll der Futtertrog einerseits nicht zu groß sein, damit ausreichend »Dachüberstand« gegeben ist, und andererseits die Grundfläche auch nicht zu klein, damit die Fütterung stabil steht. Anzustreben ist zudem eine möglichst offene Bauweise, da sich Rehe bei vorhandener Rundsicht sicherer fühlen sollen. Alle diese Anforderungen werden bei der hier beschriebenen Konstruktion aus meiner Sicht bestmöglich berücksichtigt. Sie stellt daher einen guten Kompromiss bezüglich Futterabschirmung, Zugänglichkeit für Mensch und Reh und Standsicherheit dar. Sie kann auch leicht wieder an einen anderen Ort versetzt werden und kann daher unter dem Begriff »Jagdzubehör« eingeordnet werden.

Material

- 2 Kanthölzer (**A**) 6 × 6 × 125 cm
- 2 Trogbretter (vorne **B**, hinten **E**) 1,8 × 20 × 100 cm
- 2 seitliche Trogbretter (**C**) 1,8 × 20 × 90 cm
- 2 Kanthölzer (**D**) 6 × 6 × 100 cm
- 2 Bodenauflagerhölzer (**F**) 4 × 6 × 90 cm
- 3 Bodenbretter (**G**) 1,8 × 22 × 100 cm
- 2 Dachauflager (**H**) 6 × 6 × 140 cm
- 10 Dachbretter (**I**) 1,8 × 14 × 160 cm
- Senkkopfschrauben 5 × 60
- Schlossschrauben 8 × 140,8 × 120
- Nägel 28 × 65
- Bitumenschindeln, Folie oder Dachpappe

Werkzeug

- Bleistift
- Meterstab
- Winkel
- Säge
- Zwingen
- Bohrer
- Schrauber
- Hammer

Beschreibung (siehe Grafik Seite 18)

1_Vorderseite fertigen

Zwei 125 cm lange Kanthölzer (**A**) 20 cm über deren unterem Ende im rechten Winkel mit einem 100 cm langen Brett (**B**) verbinden. Diese »Vorderseite« mit Neigung 1:5 an eine Wand lehnen. Der Abstand von der Wand beträgt dabei unten ca. 24,5 cm, die Ständer berühren die Wand in ca. 122,5 cm Höhe.

2_Seitenteile anbringen

Zwei 20 cm breite seitliche Trogbretter (**C**) trapezförmig zusägen, indem jeweils Dreiecke mit 4 cm Seitenlänge an der Unterseite weggesägt werden (4:20 = 1:5). Ein Trapezbrett so auf ein 100 cm langes Kantholz (**D**) schrauben, dass dessen Breitseite bündig mit dem Kantholz ist und sich seine Unterkante 20 cm über dem unteren Kantholzende befindet. Das Trogbrett des Seitenteils wiederum mit Unterkante 20 cm über Kantholzfuß der Vorderseite an dieses Kantholz anschrauben. Das andere Seitenteil in gleicher Weise fertigen und mit der Vorderseite verbinden.

3_Rückseite fertigstellen

Hintere Kanthölzer mit einem 20 cm breiten und 100 cm langen Brett (**E**) 20 cm über deren unteren Enden verbinden.

4_Trogboden anbringen

Unter den seitlichen Trogbrettern innen jeweils ein Bodenauflagerholz (**F**) anbringen.

Auf diesen Hölzern den Trogboden (**G**) anbringen.

5_Dach draufmachen

Dachträger (**H**) an den Seiten oben anbringen. Überstehende Ecken der vorderen Kanthölzer wegsägen. Dachbretter (**I**) auf die Träger und darauf eine Isolierung, z. B. aus Bitumenschindeln, auflegen.

1_

2_

3_

4_

5_

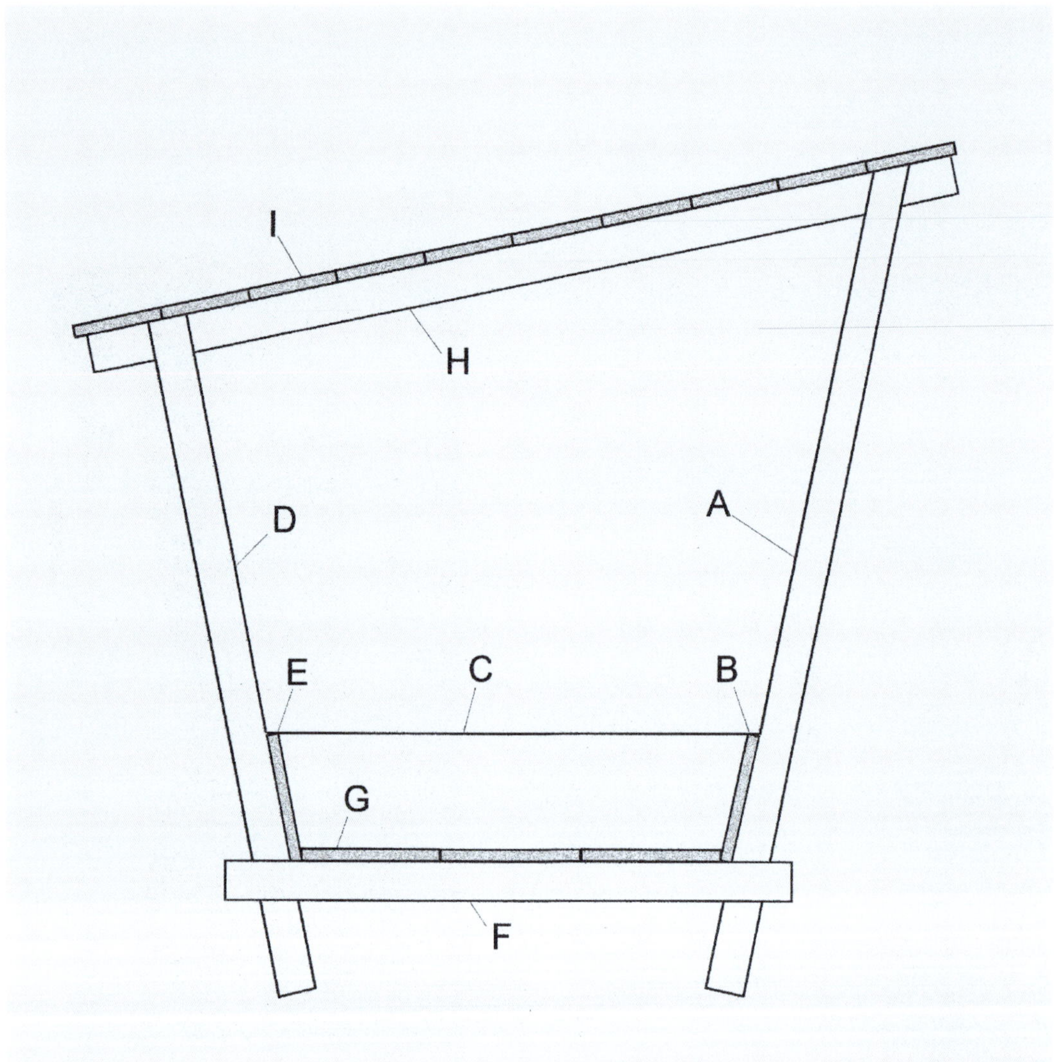

TIPP

Zur Erhöhung der Standsicherheit sollte die Fütterung an windexponierten Standorten zumindest an zwei gegenüberliegenden Ecken verpflockt werden. Wenn möglich, die Dachtraufe Richtung Westen ausrichten.

Fasslager

Herstellung: schwierig

Das Einsilieren der Mischungen aus Rau-, Saft- und Kraftfutter für die zuvor beschriebene Fütterung oder aber auch von reinem Apfeltrester in Kunststofffässern mit 120 l Inhalt hat sich in der Praxis seit Jahrzehnten bewährt. Die Fässer sollten dabei möglichst wettergeschützt gelagert werden. In manchen Fällen ist zusätzlich eine Lagerung in geschlossenen Räumen sinnvoll, um beispielsweise die Entwendung der Fässer zu verhindern. Die Lagerung kann zentral, z. B. in einem größeren Stadel, oder direkt in der Nähe der jeweiligen Fütterungen erfolgen. Bei größeren Fütterungen sind dabei kleine Lagerschuppen, in denen mehrere Fässer und sonstiges Material untergebracht werden können, optimal. Die Lagerschuppen können dabei praktisch genauso hergestellt werden wie große, geschlossene Kanzeln. Nur bei relativ schmalen Brettern für die Verkleidung und sehr stark dem Wind ausgesetzten Standorten sind noch zusätzliche Diagonalverstrebungen vorzusehen. Der abgebildete Schuppen wurde beispielsweise analog zu meiner im BLV-Buch »Hochsitzbau einfach und praktisch« enthaltenen Bauanleitung für eine Kanzel mit Querriegelverbindung hergestellt, hier allerdings ohne Fenster und Sitz, aber dafür etwas größer. Bei kleineren Fütterungen, für die meist nur wenige Fässer in einem Winter benötigt werden, reicht aber auch ein Fasslager, das bei Bedarf durch Zerlegen in Boden, Seitenteile, Rückseite, Tür und Dach leicht wieder versetzt werden kann. Bezüglich der Zuordnung zu Reviereinrichtungen oder Jagdzubehör gilt daher hier dasselbe wie bei der Fütterung.

Material

- 3 Kanthölzer (**A**) 4 × 6 × 60 cm
- 5 Bodenbretter (**B**) 2,4 × 12* × 160 cm (Gesamtbreite 60 cm)
- 4 seitliche Querriegel (**C**) 4 × 6 × 60 cm
- 10 Bretter seitlich (**D**) 1,8 × 12* × 100 cm (Gesamtbreite 2 × 60 cm)
- 2 Querriegel Rückseite (**E**) 4 × 6 × 160 cm
- 11 Bretter Rückseite (**F**) 1,8 × ca. 15* × 94 cm (Gesamtbreite 164 cm)
- 2 Dachauflager (**G**) 4 × 6 × 80 cm
- 5 Dachbretter (**H**) 2,4 × 16* × 184 cm (Gesamtbreite 80 cm)
- 2 obere Türhölzer (**I**) 4 × 6 × 164 cm
- 2 seitliche Türhölzer (**J**) 4 × 6 × 78 cm
- Türverschalung diagonal (**K**) 1,8 × 6 × 187 cm (Fläche ca. 1,5 m^2)
- Blende über der Tür (**L**) 1,8 × 6 × 164 cm
- 2 Pfähle
- 65er-Nägel
- 8 Senkkopfschrauben 6 × 70
- 4 Schlossschrauben 6 × 70
- 4 Senkkopfschrauben 6 × 120

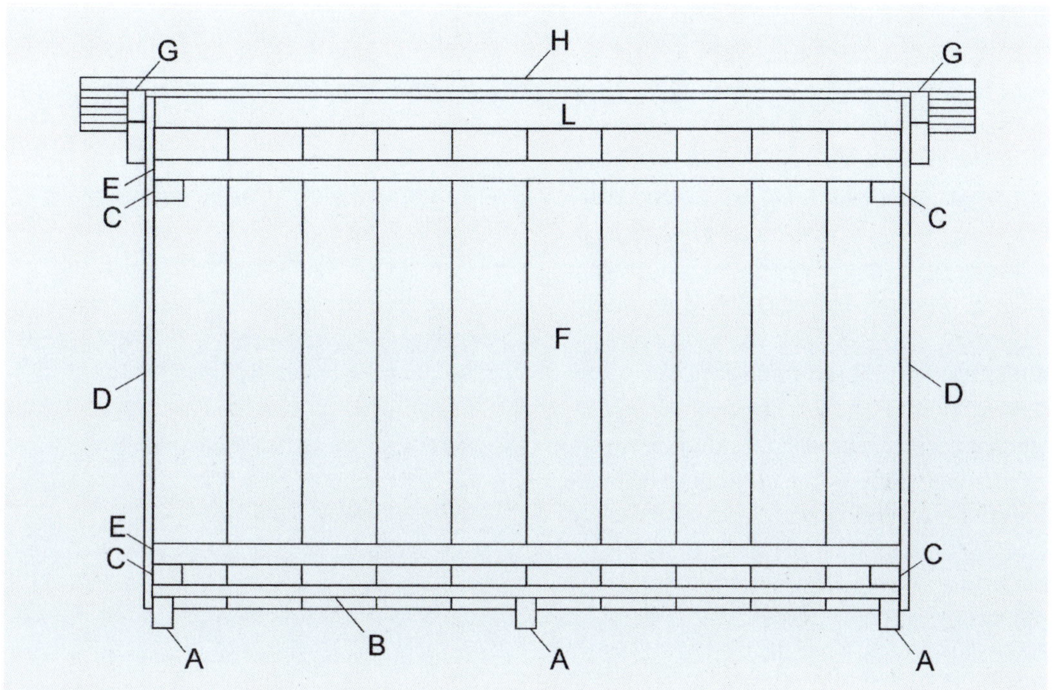

- Senkkopfschrauben 4,5 × 50
- Senkkopfschrauben 4 × 20
- Dachisolierung, z. B. Bitumenschweißbahn
- 2 Scharniere
- Türverschluss

*es können auch andere Brettbreiten gewählt werden

Werkzeug

- Bleistift
- Meterstab
- Winkel
- Säge
- Zwingen
- Bohrer
- Schrauber
- Gabelschlüssel
- Hammer

Beschreibung

1_Boden fertigen

Zwei 60 cm lange Kanthölzer (**A**) mit einem Außenabstand von 160 cm parallel und hochkant nebeneinanderlegen und Bodenbretter (**B**) darauf befestigen. In der Mitte zwischen den Kanthölzern ein weiteres Bodenauflagerholz anbringen.

2_Seitenteile fertigen

Zwei ebenfalls 60 cm lange Querhölzer (**C**) mit einem Innenabstand von 71 cm parallel und hochkant nebeneinanderlegen. Die Seitenverschalung (**D**) so auf die Querhölzer daraufmachen, dass die Bretter 5 cm über das untere Querholz hinausragen. Oben die Dachneigung durch eine Linie zwischen Markierungen hinten 94 cm über unterem Brettende und vorne 100 cm über unterem Brettende anzeichnen. Bretteile über der Linie wegsägen Das zweite Seitenteil in gleicher Weise, aber spiegelbildlich fertigen.

3_Rückseite fertigen
Die Seitenteile mit den Brettern nach unten auf eine ebene Fläche mit einem Abstand von 40 cm nebeneinander hinlegen. Über den Querriegeln der Seitenteile die Querriegel der Rückseite (**E**) mit Zwingen befestigen. Auf diese Querriegel die Verschalung (**F**) so anbringen, dass die seitlichen Bretter jeweils 2 cm überstehen und alle Bretter unten 9 cm über das untere Querholz hinausragen.

4_Grundkonstruktion zusammenbauen
Zunächst ein Seitenteil auf den Boden festschrauben. Rückseite so aufstellen, dass der Querriegel auf einer Seite auf dem Querriegel des Seitenteiles und auf der anderen Seite auf einem 4 cm hohen Kantholzstück liegt. Rückseite mit dem Seitenteil durch Zusammenschrauben der Querriegel verbinden. Zweites Seitenteil aufstellen und ebenso an der Rückseite festmachen.

5_Dach draufmachen
Oben an den Seitenteilen außen jeweils ein Dachauflager (**G**) mit Schlossschrauben befestigen. Auf diese Dachauflager Dachbretter (**H**) nageln und darauf eine Isolierung platzieren.

6_Tür herstellen
Aus zwei oberen (**I**) und zwei seitlichen (**J**) Türhölzern einen rechteckigen Rahmen zusammenbauen. Den Rahmen mit einem Brett, das von der links unteren zur rechts oberen Ecke des Rahmens führt, aussteifen. Die restlichen Flächen des Rahmens mit Brettern (**K**) zuschalen.

7_Fasslager fertigstellen
An den vorderen Seitenteilbrettern unter dem Dach und zwischen den Dachauflagern ein Brett als Verblendung (**L**) einbauen. Mit stabilen Scharnieren die Tür am vordersten Brett eines Seitenteiles befestigen. Auf der anderen Seite eine Vorrichtung zum Verschließen der Tür anbringen.

TIPP

Die Bodenauflager an den Enden auf mehr oder weniger in den Boden eingegrabene Auflagersteine stellen. Dabei darauf achten, dass der Boden möglichst wenig über das Gelände hinausragt, da man immer zur Entnahme des Futters das Fass aus dem Lager nehmen und danach wieder hineinstellen muss. An der Rückseite an beiden Ecken zwei Pfähle einschlagen und die Rückseite daran anschrauben.

1_
2_
3_
4_
5_
7_
6_

Zum Einschießen

Man kann darüber streiten, ob man Rehwild füttern soll, ob man besser pirscht oder ansitzt oder gleich nur Gesellschaftsjagden durchführt, ob Fallenjagd tierschutzgerecht ist, und sogar darüber, ob man die Jagd überhaupt braucht. Wenn man Letzteres jedoch bejaht, muss man aber nicht darüber diskutieren, ob man seine Gewehre auch einschießen muss.

Das Einschießen findet meist am Schießstand statt, kann aber auch im Revier erfolgen. Im Revier verwendet man dazu am besten auch Zielscheiben. Mit »Scheibenaufstellern« können diese einfach an verschiedenen Orten positioniert werden.

Scheibenaufsteller Kugelschuss

Herstellung: einfach

In jedem Revier sollte es eigentlich einen geeigneten Ort geben, an dem man ein paar Schüsse auf Zielscheiben abgeben kann. Schießstände sind nicht immer geöffnet, sind für einen oder wenige Schüsse manchmal zu weit entfernt und bieten meist auch nicht die Möglichkeit, die Präzision von Waffen auf größere Entfernung zu testen. Daher habe ich mir an einem ruhigen Fleck im Revier einen Hochsitz an einer mehrere hundert Meter langen Waldlichtung und mit weiter hinten ansteigendem Gelände für diesen Zweck ausgesucht. Diesen Hochsitz habe ich mit einer großen »Einschießplattform« ausgestattet. Davor habe ich dann in optimaler Schussrichtung – für mich leicht nach links – Stellen für das Aufstellen von Zielscheiben eingemessen, die 100 m, 200 m, 250 m und 300 m vom Sitz entfernt sind. Zum Wiederfinden der Stellen habe ich mir dann deren Lage anhand der Position der von dort und quer zur Schussrichtung zu sehenden Gegenstände (meist Bäume) gemerkt bzw. mit Fotos festgehalten.

Als Scheiben verwende ich DIN-A4-Blätter (21 × 29,7 cm). Die DIN-A4-Blätter haben entweder in der Mitte einen Punkt (kopiertes Schusspflaster für Absehen 1), eine Ringeinteilung (kopierter Zielscheibenspiegel für Absehen 4) oder Quadrate im Zentimeterabstand (PIRSCH-Scheiben für Absehen 4A-300-I). Die DIN-A4-Blätter befestige ich mit Pinwand-Nadeln an einem selbst gebauten Holzrahmen, der mit ausklappbaren Abstützungen überall aufgestellt werden kann.

Material

- 2 Kanthölzer 3 × 5 × 180 cm
- 8 Holzdübel 8 × 40
- Leim
- 2 Schlossschrauben 6 × 70
- 2 Unterlegscheiben M6
- 2 Flügelmuttern M6
- 6 Balsaholzstücke 1 × 2 × 3 cm
- 4 Pinwand-Nadeln
- Werkzeug
- Meterstab
- Bleistift
- Winkel
- Säge
- Bohrer
- Bohrschablone
- Hammer
- Winkelschablone
- Zentrierspitzen
- Tiefenbegrenzer für Bohrer

Beschreibung

1_Zusägen

Die Holzlatten werden in zwei seitliche Rahmenhölzer mit 100 cm Länge, zwei horizontale Rahmenhölzer mit 15,5 cm Länge und zwei Abstützungen mit 60 cm Länge durch rechtwinkliges Durchsägen geteilt.

2_Löcher bohren für den Rahmen

An den Stirnflächen der horizontalen Rahmenhölzer jeweils 1,5 cm vom Rand entfernt die Position für zwei Bohrlöcher kennzeichnen. Dazu mit einem Streichmaß oder einem Lineal und Bleistift eine Mittellinie parallel zur längeren Seite anbringen und senkrecht zu dieser 1,5 cm von den schmäleren Seiten entfernt zwei Striche ziehen. Mit einer Bohrschablone und einem Tiefenbegrenzer an den beiden Stellen 2 cm tiefe und 8 mm große Löcher bohren. Zentrierspitzen in die Bohrlöcher stecken und damit kleine Vertiefungen in die senkrechten Rahmenhölzer drücken bzw. klopfen. Mit der dargestellten selbst gebauten Winkelschablone geht dies besonders leicht und präzise. Das untere horizontale Rahmenholz soll dabei ca. 80 cm unter dem oberen Rand des Rahmens befestigt werden.

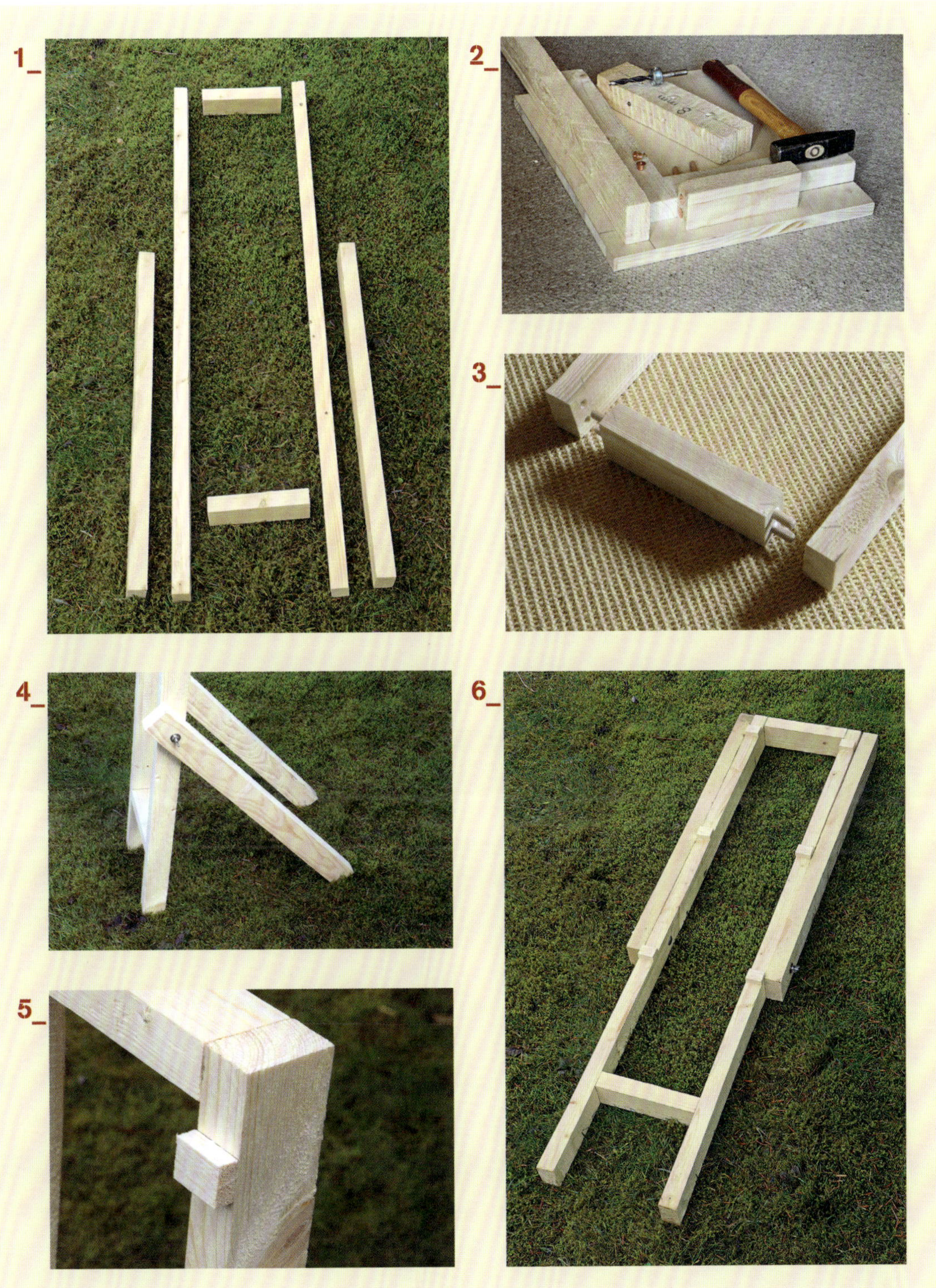
1_
2_
3_
4_
5_
6_

An den Vertiefungen ebenfalls mit Bohrschablone und Tiefenbegrenzer Löcher bohren. An den Rahmenhölzern anzeichnen, wie sie später zusammengesetzt werden.

3_Rahmen zusammenbauen

In die Stirnflächen der horizontalen Rahmenhölzer mit Leim bestrichene Holzdübel mit 8 mm Durchmesser einschlagen. Leim auch auf die Stirnflächen und die herausragenden Holzdübel auftragen und dann die Teile zu einem Rahmen zusammenklopfen.

4_Abstützungen anbringen

Mit einer Bohrschablone durch die senkrechten Rahmenhölzer 45 cm und durch die Abstützungen 55 cm von unten 6 mm große Löcher bohren. Die Abstützungen mit Schlossschrauben und Flügelmuttern an den seitlichen Rahmenhölzern befestigen. Später im Revier die Abstützungen so weit nach hinten ausstellen, bis der Rahmen ganz leicht nach hinten geneigt steht. Dann die Flügelmuttern anziehen.

5_»Nadelkissen« anbringen

Markierungslinien 4 cm, 31,7 cm und 59,4 cm unter dem oberen Ende der seitlichen Rahmenhölzer anbringen und jeweils direkt darunter Balsaholzstücke anleimen. Je nachdem, wie hoch die Vegetation ist, die Scheibe nun an den oberen und mittleren oder an den mittleren und unteren »Nadelkissen« anheften.

6_Zusammenklappen

Zum Transport die Flügelmuttern lockern und die Abstützungen nach oben klappen, sodass sie bündig mit dem oberen Rand des Rahmens abschließen.

TIPP

Die Zielscheiben sollte man aufheben. So kann man auch nach Jahren noch nachsehen, welche Waffe mit welcher Munition wie geschossen hat.

Scheibenaufsteller Schrotschuss

Herstellung: einfach

Für Probeschüsse mit der Kugel reichen in der Regel kleine Zielscheiben. Für den Schrotschuss müssen sie größer sein. Zur Aufstellung der Scheiben im Revier braucht man hier größere »Aufsteller«.

Beim Schrotschuss muss man dafür nicht immer wieder nachprüfen, wie der Flintenlauf schießt. Bei einer neuen Flinte oder kombinierten Waffe muss man aber unbedingt deren Trefferlage feststellen. Dies ist ebenso ratsam, wenn man die Munition wechselt. Auch bezüglich der Deckung der Schrotkörner sollte man sich ein Bild machen. Dazu muss man nicht unbedingt die Treffer anhand der bekannten 16-Felder-Scheibe auszählen. In der Regel genügt es, aus ca. 20 m Entfernung einfach ein großes, weißes Blatt Papier mit einer Zielmarkierung in der Mitte zu beschießen und sich das Schussbild anzusehen. Ich verwende hierzu Flipchart-Papier mit 68 cm Breite und 99 cm Höhe. Dieses wird wie beim Scheibenaufsteller für den Kugelschuss auch mit Pinwand-Nadeln an einem selbst gebauten Holzrahmen, der mit ausklappbaren Abstützungen überall aufgestellt werden kann, befestigt. Allerdings darf hier kein allzu starker Wind wehen, da sonst die Nadellöcher ausreißen können.

Ein weiterer Nachteil war für mich immer der umständliche Transport der großen Rahmen im Auto. Etwas leichter ist dieser durchzuführen, wenn man sie zusammenklappbar macht.

TIPP

Mit Kreppklebeband die Ecken des Flipchart-Papiers verstärken. Dadurch reißen die kleinen Löcher der Pinwand-Nadeln nicht so schnell aus.

Material

- 2 Kanthölzer 3 × 5 × 260 cm
- 4 Schlossschrauben 6 × 70
- 2 Schlossschrauben 6 × 100
- 6 Unterlegscheiben M 6
- 6 Flügelmuttern M 6
- 4 Balsaholzstücke 1 × 2 × 5 cm
- 4 Pinwand-Nadeln
- Leim

Werkzeug

- Meterstab
- Bleistift
- Winkel
- Säge
- Bohrer
- Bohrschablone
- Stemmeisen
- Hammer

Beschreibung

1_Zusägen

Die Holzlatten werden in zwei seitliche Rahmenhölzer mit 120 cm Länge, zwei horizontale Rahmenhölzer mit 69 cm Länge und zwei Abstützungen mit 70 cm Länge durch rechtwinkliges Durchsägen geteilt.

2_Löcher bohren für den Rahmen

Das obere horizontale Rahmenholz soll oben bündig mit den seitlichen Rahmenhölzern und das untere 100 cm darunter auf diese geschraubt werden. Die Berührungsflächen anzeichnen, d.h. bei 5 cm breiten Holzlatten auf den seitlichen Rahmenhölzern Striche 5 cm, 105 cm und 110 cm unter den oberen Enden und auf den horizontalen Rahmenhölzern Striche 5 cm von deren Enden entfernt anbringen. Die Berührungsflächen mit Diagonalstrichen versehen. Der Schnittpunkt der Diagonalen ist die Position des jeweiligen Bohrloches mit 6 mm Durchmesser. Zur Sicherstellung rechtwinkliger Bohrlöcher einen Bohrständer, Bohrschablonen o.Ä. verwenden.

3_»Nadelkissen« anbringen

Im Bereich der Scheibenecken, also etwa 1 cm unter dem oberen und 1 cm über dem unteren horizontalen Rahmenholz, aus den senkrechten Rahmenhölzern eine 2 cm breite und 1 cm tiefe Nut mit Säge und Stemmeisen herausarbeiten und dort jeweils ein Balsaholzstück mit Leim einkleben.

4_Rahmen zusammenbauen

Mit Schlossschrauben die horizontalen und senkrechten Rahmenhölzer verbinden. Dazu Flügelmuttern verwenden, um durch Festziehen derselben den Rahmen aussteifen zu können.

5_Abstützungen anbringen

Die seitlichen Rahmenhölzer an den schmäleren Seiten 55 cm von unten und die Abstützungen an den breiten Seiten 65 cm von unten senkrecht durchbohren. Die Abstützungen mit Schlossschrauben und Flügelmuttern an den seitlichen Rahmenhölzern befestigen. Später im Revier die Abstützungen so weit nach hinten ausstellen, bis der Rahmen ganz leicht nach hinten geneigt steht. Dann die Flügelmuttern anziehen.

6_Zusammenklappen

Zum Transport die Flügelmuttern des Rahmens und der Abstützungen lockern und das Ganze zusammenklappen.

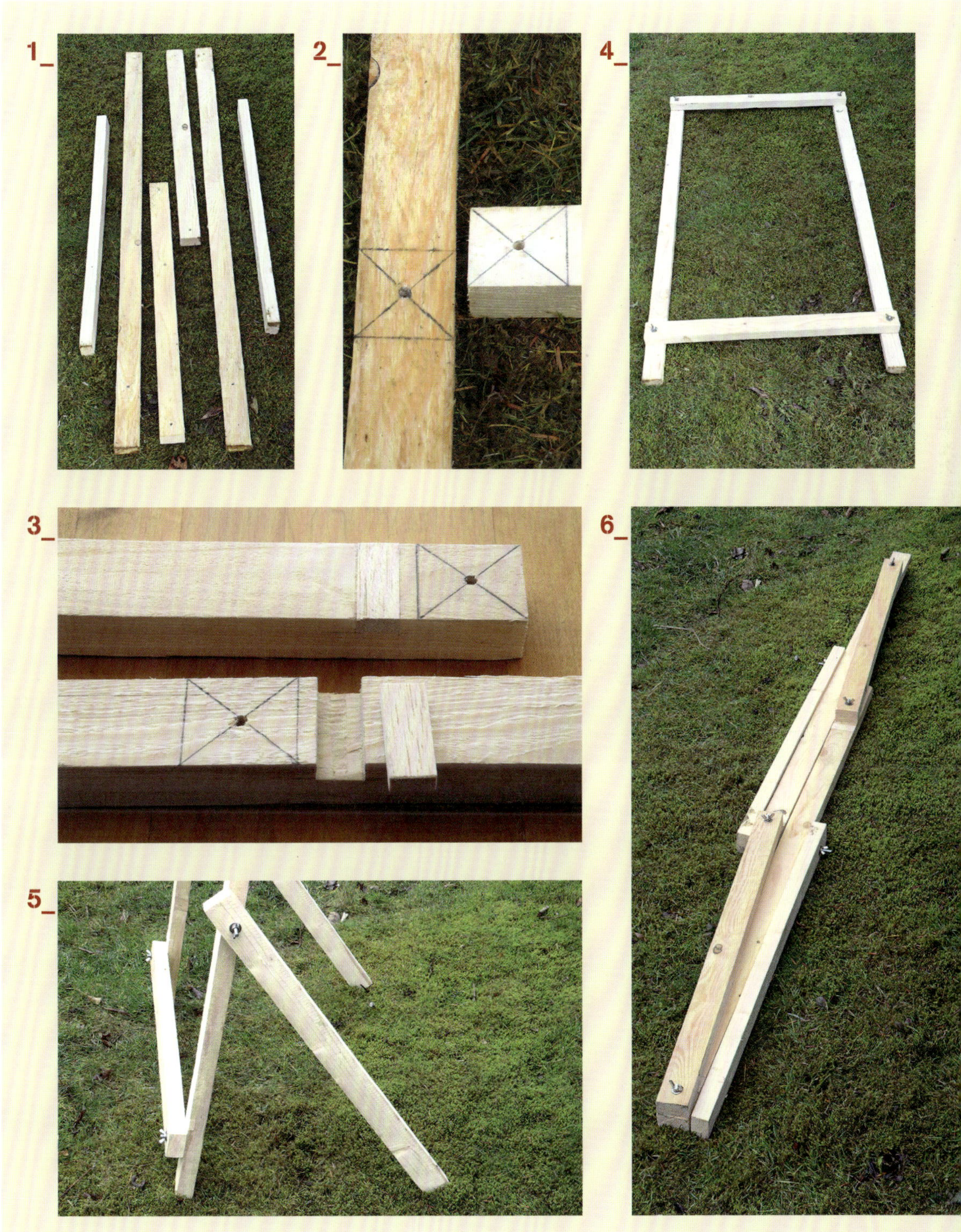
1_
2_
4_
3_
6_
5_

Für die Pirsch

Bei der Pirsch, vor allem in den Bergen, haben viele Jäger einen Pirschstecken dabei. Für die Fortbewegung im steilen Gelände ist so ein Stecken auch wirklich sehr hilfreich. Als Zielhilfe für den freihändigen Schuss ist er dagegen nur bedingt geeignet. Ein vierbeiniger Zielstock ist hier jedenfalls wesentlich besser.

Pirschstecken

Herstellung: schwierig

Wenn man im steilen Gelände quer zum Hang geht, bietet der Pirschstecken durch die Abstützmöglichkeit gegen den Hang wesentlich mehr Sicherheit in der Fortbewegung. Er wird in starker Ausführung daher auch »Bergstock« genannt. Beim freihändigen Schießen stabilisiert er das Gewehr allerdings nur in vertikaler Richtung, wenn man ihn einfach vor dem Körper aufstellt. Angelehnt an den Oberschenkel eines ausgestellten Beines und fixiert mit dem Fuß des anderen Beines, wird die Sache schon etwas stabiler. Aber auch damit würde ich nicht auf kleineres Wild auf größere Entfernung schießen wollen. Für solche Situationen ist nur der Einsatz eines vierbeinigen Zielstockes ratsam.

Pirschstecken, zumindest selbst hergestellte, sind meist aus trockenen Haselnusstrieben. Sie sollen möglichst gerade, oben mindestens 2 cm dick (Bergstöcke 3 cm) und mindestens so lang sein, wie der Nutzer groß ist. Solche Stecken zu finden ist allerdings nicht ganz einfach. Es wird daher vielfach empfohlen, krumme Hölzer längere Zeit in Wasser zu legen und dann mit einem Gewicht beschwert an einem schattigen, überdachten Ort trocknen zu lassen. Dies habe ich natürlich auch ausprobiert, mehrere dicke Stecken gesucht, diese einige Tage in einen Teich gelegt, die Enden jeweils durchbohrt, damit die Zugkraft der Gewichte schön axial einwirkt, mit Betonteilen von ca. 7 kg beschwert und über ein halbes Jahr in meinem Holzlager aufgehängt. Das Resultat war ernüchternd. Die Stäbe waren so krumm wie zuvor. Jedenfalls konnte ich visuell keine Besserung feststellen. Da muss ich entweder doch etwas falsch gemacht haben oder die vielen schlauen Ratgeber haben alle voneinander abgeschrieben bzw. etwas ungeprüft nachgeplappert. Jedenfalls werde ich mir zukünftig solche Streckversuche sparen und lieber die Zeit in das Aussuchen der Stecken investieren und diese einfach wieder senkrecht aufgestellt trocknen.

Mit dem Trocknen und Ablängen sind die Stecken allerdings noch nicht perfekt. Damit man bei festem oder gefrorenem Boden mit dem Stock nicht abrutscht, sollte er auf einer Seite eine Metallspitze aufweisen. Und dann ist es auch sehr praktisch, wenn man ihn zerlegen kann. Ansonsten ist ein Transport im Auto etwas umständlich.

Solche teilbaren Pirschstecken mit Metallspitze wie auch die Spitzen und Schraubverbindungen alleine sind im Handel erhältlich. Ein bekannter Anbieter ist Ossy Gramlich in 86554 Pöttmes. Ich habe einen seiner Stecken vor langer Zeit zum Geburtstag bekommen. Er ist noch tadellos in Schuss. Allerdings muss man für solch einen Stecken – wenn man ihn nicht gerade geschenkt bekommt – auch einen hohe Preis bezahlen. Wer mit etwas weniger hochwertigen Produkten auskommt, kann sich den Pirschstecken folgendermaßen herstellen:

Material

- Haselnussstecken (trocken)
- Stahl- oder Alurohr
- Gewindestangenstück M10, ca. 30 cm lang
- Beilagscheibe
- 5 Muttern M10
- 1 Gewindeschraube M10 × 40
- Papierschnipsel
- Alleskleber
- 3 Senkkopfschrauben 3,5 × 20
- Zweikomponentenkleber
- Pappkarton
- 1 Schlüsselschraube 8 × 100

Werkzeug

- Säge
- Meterstab
- Bleistift
- Flachfeile
- Schublehre
- Bohrer
- Rundfeile
- Schere
- Messer
- L-Profil
- Zwingen
- Keile
- Flex
- Gabelschlüssel
- Holzstück mit Rille (z. B. mit Hohleisen herausgestochen)
- Flex

Beschreibung

1_Zusägen von Stecken und Hülsen

Stecken ablängen und dann etwa in der Mitte durchsägen. An der Schnittstelle den kleinsten Durchmesser bestimmen (Stecken sind fast nie ganz rund!). Von einem Stahl- oder Aluminiumrohr mit einem Innendurchmesser, der etwas kleiner ist als dieser Durchmesser, drei Stücke absägen. Zwei der Rohrstücke werden als Verbindungshülsen und eines für die Spitze verwendet. Die Verbindungshülsen sollten mindestens dreimal so lang sein wie der Außendurchmesser des Rohres.

2_Hülse mit Schraubenmuttern anbringen

Drei Schraubenmuttern M10 auf ein Gewindestangenstück aufschrauben. Bei Hülseninnendurchmessern von über 20 mm zwischen die zuerst eingedrehten Muttern einen Abstandhalter legen, um eine zentrische Lage der Muttern sicherzustellen. Als Abstandhalter kann beispielsweise eine Beilagscheibe verwendet werden, die einen geringfügig kleineren Durchmesser aufweist als der Hülseninnendurchmesser, deren Loch gegebenenfalls auf 10 mm Durchmesser aufgebohrt und deren Rand eingekerbt wird (z. B. mit einer Rundfeile), damit Klebstoff an der Scheibe vorbeifließen kann. Die äußere Schraubenmutter soll bündig mit der »Stirnfläche« der Gewindestange sein. Die »Stirnfläche« mit einem Stück aufgeklebtem Papierschnipsel oder Ähnlichem abdecken. Den oberen Teil des Pirschsteckens an der Schnittstelle so zuschnitzen, dass er knapp so weit in die Hülse reicht, wie die drei Muttern von der anderen Seite hineinragen. Ein Loch in die Hülse für die Fixierung mit einer kleinen Sicherungsschraube bohren.
Die Hülse innen aufrauen. Den Stecken mit einem guten Zweikomponentenkleber in die Hülse und dann die drei Muttern auf der anderen Seite einkleben. Die Mutter am Hülsenende sollte ein kleines Stück hinter diesem Ende liegen. Damit die Muttern exakt axial zum Stecken ausgerichtet sind, kann man ein L-Profil hilfsweise an den Stecken klemmen und die Gewindestange parallel zu diesem ausrichten. Nach dem Aushärten die Sicherungsschraube anbringen und die Gewindestange wieder herausdrehen.

3_Hülse mit Schraube anbringen.

Eine Pappkartonscheibe mit einem Durchmesser entsprechend dem Hülsenaußendurchmesser ausschneiden und in deren Mitte ein 10-mm-Loch reinmachen. Zwei Muttern M10 und die Pappkartonscheibe auf eine Schraube 10 × 40 drehen. Dann die Schraube in die Muttern des fertigen oberen Teils einschrauben, bis die Pappkartonscheibe aufliegt. Den unteren Teil des Pirschsteckens genauso für die Hülsenanbringung vorbereiten wie beim oberen Teil. Auch wieder ein Loch in die Hülse für die Fixierung mit einer kleinen Sicherungsschraube bohren. Die Hülse innen aufrauen und am Stecken mit Zweikomponentenkleber befestigen und dann die Hülse mit der herausragenden Schraube verkleben. Dazu ausreichend Klebstoff verwenden, damit alle Hohlräume im Bereich der unteren Hülse damit verfüllt sind. Überschüssigen herausquellenden Kleber aber gleich wieder wegwischen. Dafür sorgen, dass die Hülsen bis zum Aushärten genau auf einer Achse liegen, z. B. durch Festklemmen der beiden Hülsen an ein Holzstück mit einer Längsrille. Nach dem Aushärten die Sicherungsschraube anbringen und die Pappkartonscheibe wieder entfernen.

4_Hülse mit Metallspitze anbringen.
Auch wieder ein Loch in die Hülse für die Fixierung mit einer kleinen Sicherungsschraube bohren. Den Pirschstecken am unteren Ende wieder, wie zuvor, für die Hülsenanbringung vorbereiten. Der Pirschstecken sollte nun fast ganz bis zum Ende der Hülse eingeschoben werden können. Ein Loch zum leichteren Eindrehen einer Schraube mit Schaft vorne in die Stirnfläche des Steckens bohren. Die Hülse mit Zweikomponentenkleber befestigen, die Schraube eindrehen und die Hülse vorne mit Klebstoff verfüllen. Den Klebstoff aushärten lassen. Die Sicherungsschraube ggf. kürzen und anbringen. Den Schraubenkopf mit einer Flex zu einer Spitze umarbeiten.

1_

2C_

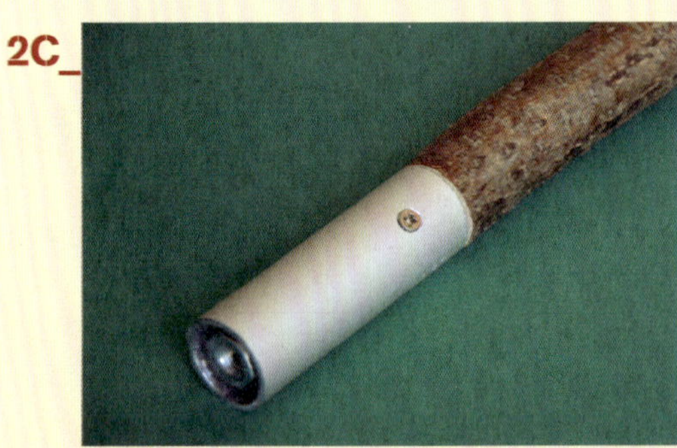

3B_

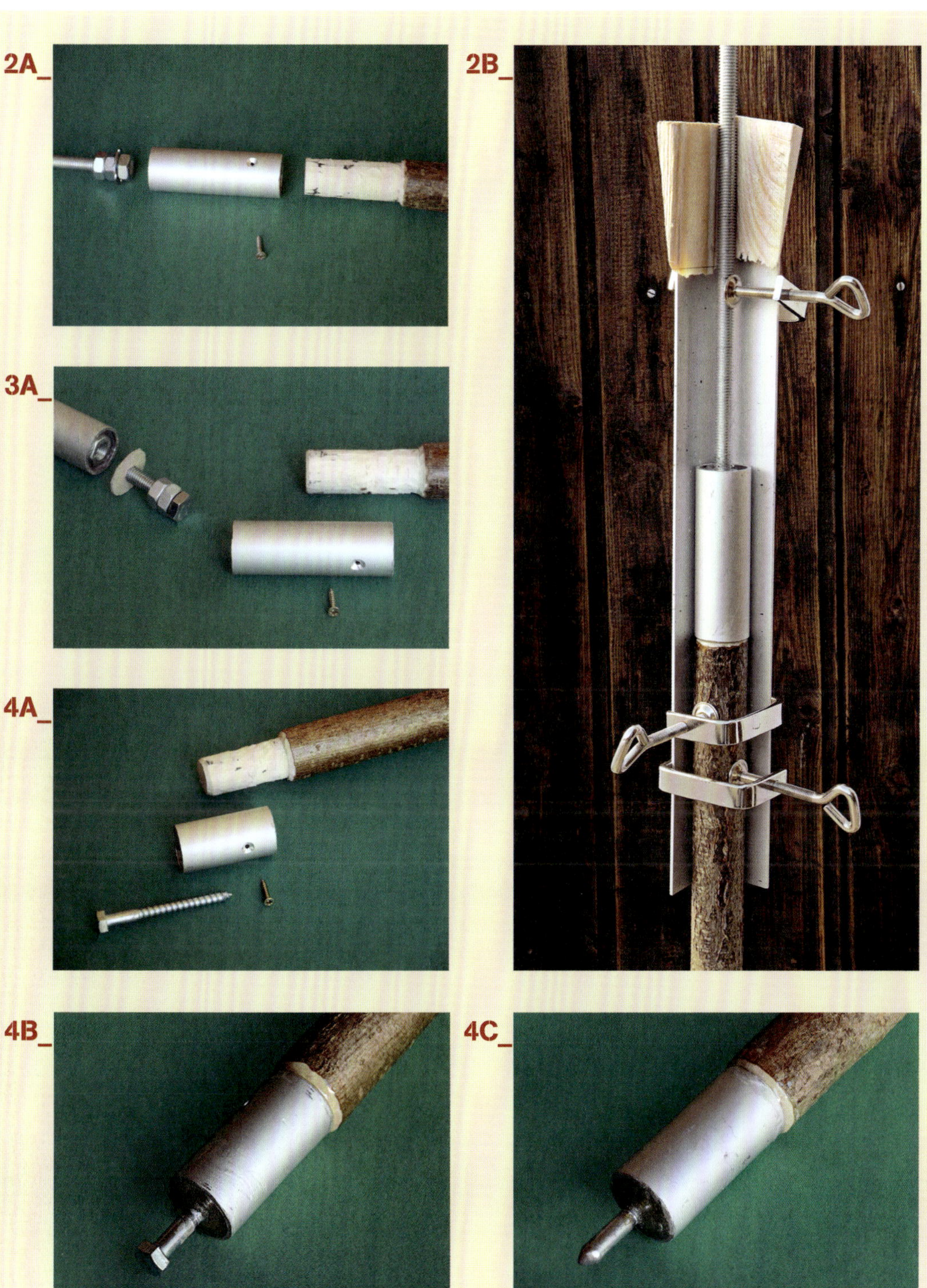
2A_
2B_
3A_
4A_
4B_
4C_

TIPP

Bei hartem Untergrund ist es manchmal besser, wenn die Metallspitze abgedeckt wird. Mit einem Spitzenschutz aus Gummi können vom Wild wahrnehmbare Geräusche vermieden werden. Ich habe hierzu ein Rohrstück, das genau über die Hülse der Spitze geschoben werden kann, so gekürzt, dass die Spitze gerade noch nicht aus einem vorne in das Rohrstück geklebter Türpuffer herausragt.

Zielstock, vierbeinig

Herstellung: schwierig

Vierbeinige Zielstöcke ermöglichen ein wesentlich ruhigeres Zielen als drei- oder zweibeinige und erst recht als einfache Pirschstecken. Neben dem Schießen im liegenden Anschlag mit Zweibein am Vorderschaft und dem Schießen hinter einer Auflageplattform sitzend liefert auch das Schießen mit vierbeinigen Zielstöcken eine sehr gute Präzision. Deshalb verwende ich auch schon seit einiger Zeit einen solchen Zielstock von Andreas Jakele aus dem Allgäu. Allerdings nehme ich ihn wegen seiner Länge nicht immer mit und er fehlt mir dann, wenn ich spontan doch lieber pirschen als ansitzen will. Da er auch nicht ganz billig ist, habe ich mir ähnliche Zielstöcke aus Holz selbst gebaut. Diese kann man dann auch im Revier mehr oder weniger diebstahlsicher deponieren.

Material

- 4 (2 sitzend) Quadratleisten 18 × 18 × 2400 cm
- 3 Senkkopfgewindeschrauben 4 × 40
- 1 Senkkopfgewindeschraube 4 × 50
- 5 Unterlegscheiben 4,3 × 12
- (Sperr-)Holzplatte 1 cm dick
- Gummischnur 8 mm dick, 12 cm lang
- 2 Neoprenstücke 18 × 50
- Kleber
- 2 Ringschrauben 10,0 × 4
- Schnur, ca. 3 mm dick, ca. 30 cm lang
- 2 kleine Winkel
- 4 Schrauben 3 × 20

Werkzeug

- Bleistift
- Meterstab
- Winkel
- Schraubstock
- Sägen
- Streichmaß
- Zugmesser
- Feile
- Bohrer
- Kegelsenker
- Schraubendreher
- Gabelschlüssel
- Geodreieck
- Zirkel
- Hohleisen
- Messer

Beschreibung

1_Zielstockbeine vorbereiten (siehe auch Grafik)
Als Beine werden 4 Quadratleisten verwendet. Zwei Leisten für die hinteren Zielstockbeine sollen 5 cm länger sein als die beiden anderen. Die kürzeren Leisten sollten einem etwa bis zur Nasenspitze reichen. Je nach Körpergröße oder Anschlagart (stehend oder sitzend) kann damit die optimale Länge bestimmt werden. Bei mir (178 cm) werden beispielsweise für den stehenden Anschlag die kürzeren 160 cm und die längeren 165 cm lang gemacht. Beim sitzenden Anschlag hängt die optimale Länge natürlich auch von der Höhe des Sitzes ab. Je höher dieser ist, desto besser sind Drehbewegungen möglich. Für eine Sitzhöhe von ca. 50 cm sind bei mir die kürzeren Leisten 115 cm und die längeren 120 cm lang.
Die Quadratleisten auf die richtigen Längen zusägen. Dann die Leisten wie in der Zeichnung dargestellt mit den unteren Enden auf einer Ebene so zusammenpassen, dass etwaige Krümmungen im mittleren Bereich eher außen liegen. Die Leisten an den Stirnflächen nummerieren. In ausgeklapptem Zustand ist aus der Sicht des Schützen
Nr. 1 (160 cm) das linke vordere Bein, an dem später die Vorderschaftauflage angebracht wird,
Nr. 2 (160 cm) das rechte vordere Bein,
Nr. 3 (165 cm) das rechte hintere Bein und
Nr. 4 (165 cm) das linke hintere Bein.
Anschließend an jeder Leiste außer an den Enden (unten 8 cm, oben 5 cm bzw. 10 cm) eine Ecke mit einem Zugmesser wegnehmen. Dazu an der wegzunehmenden Ecke jeweils einen 8 mm von der Kante entfernten Strich ziehen. Mit einem Streichmaß ist dies besonders einfach durchzuführen. Die beiden neuen Kanten mit Feile und/oder Schleifpapier abschleifen.
Die Zielstockbeine können mit dunkler Farbe gestrichen werden.

2_Untere Gelenkverbindungen herstellen
Die rechten Beine (Nr. 2 und Nr. 3) und die linken Beine (Nr. 1 und Nr. 4) jeweils 5 cm über ihrem unteren Ende miteinander verbinden. Mit einem 4-mm-Bohrer dort Löcher durch die zusammengelegten Hölzer bohren und diese jeweils mit Gewindeschrauben 4 × 40 zusammenschrauben.

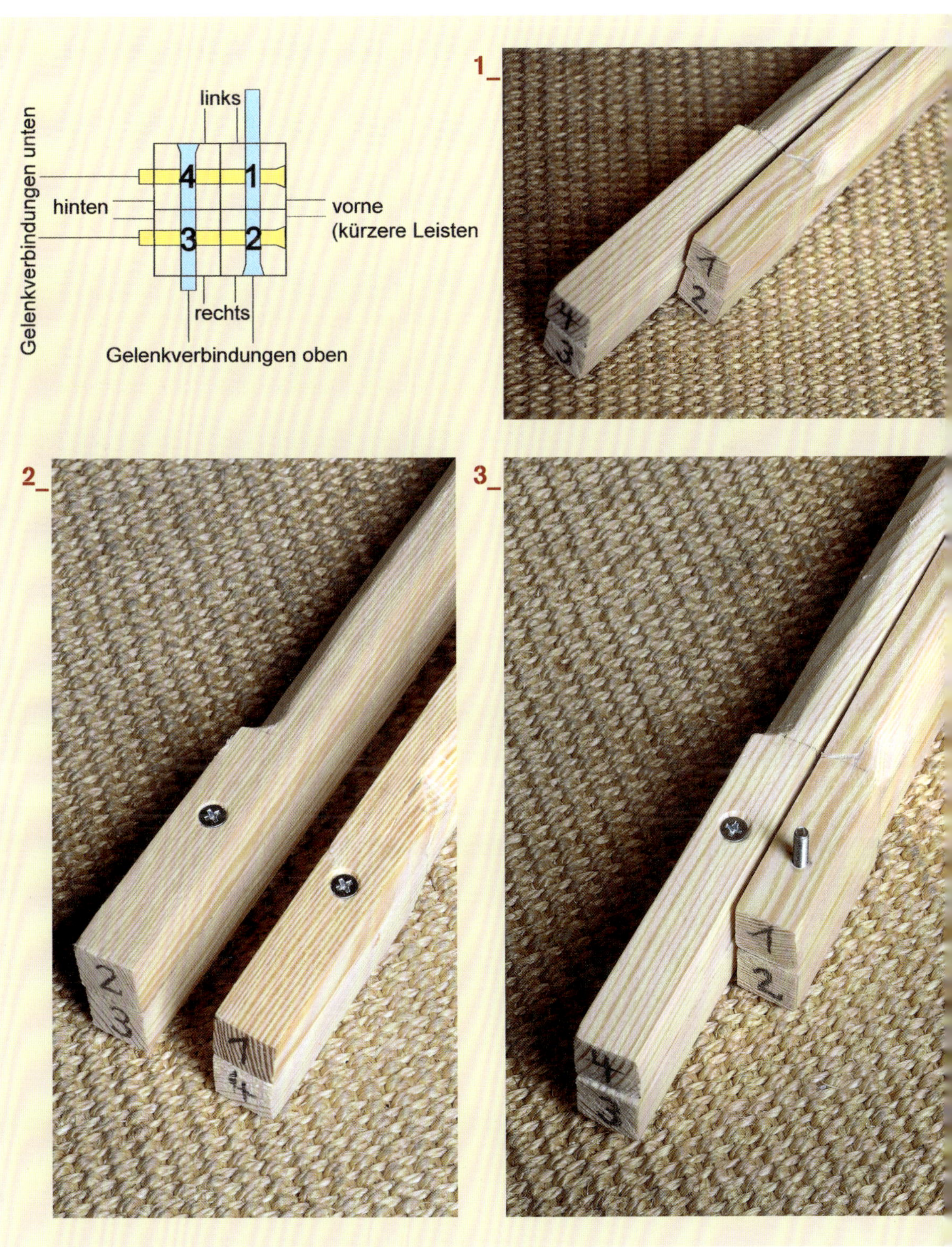
links
Gelenkverbindungen unten
hinten
4
1
3
2
vorne
(kürzere Leisten
rechts
Gelenkverbindungen oben
1_
2_
3_

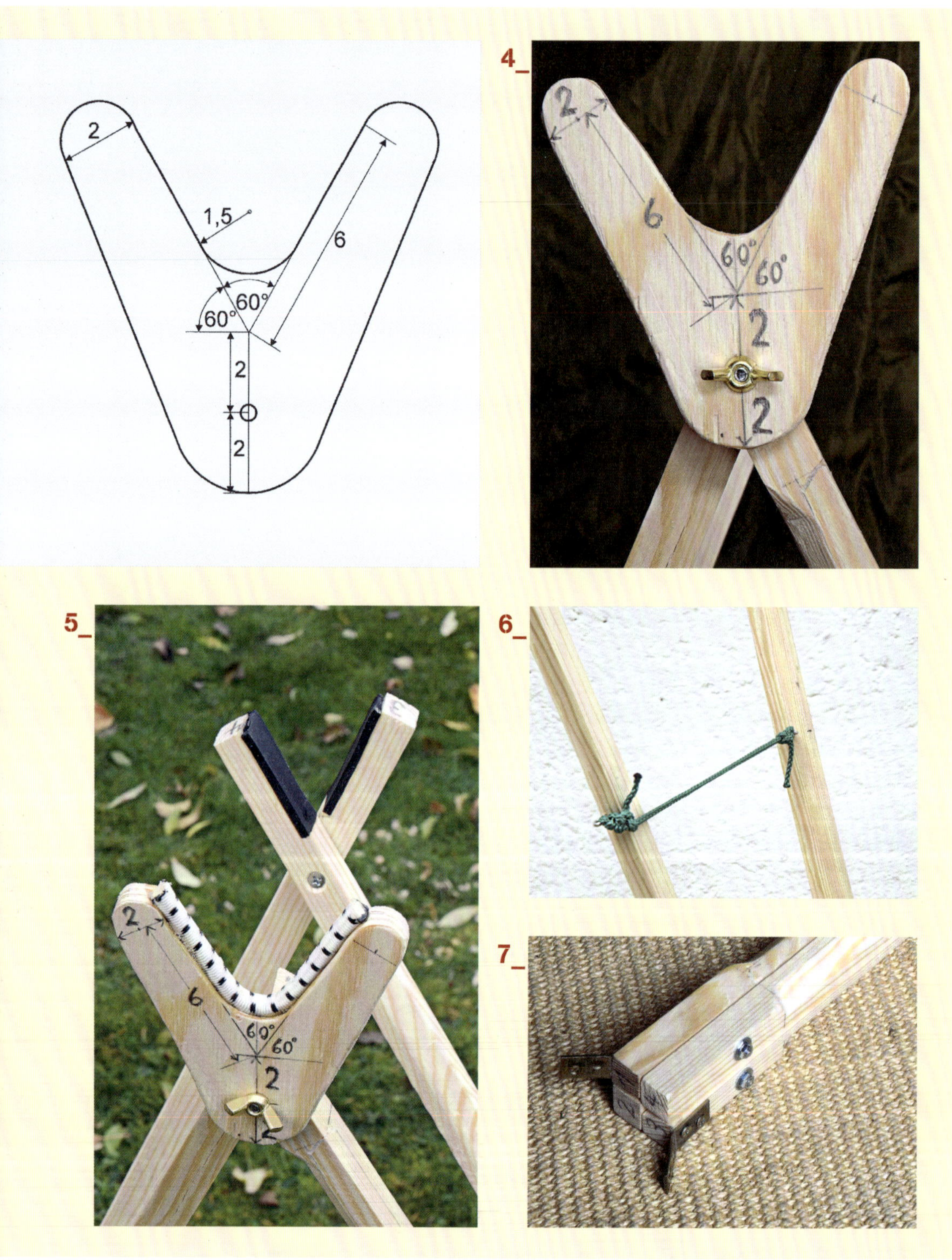
2
1,5
6
60°
60°
2
2
4_
5_
6_
7_

Zwischen die Hölzer dabei jeweils eine Unterlegscheibe legen.

3_Obere Gelenkverbindungen herstellen

Die vorderen Beine (Nr. 1 und Nr. 2) 2 cm unter ihrem oberen Ende und die hinteren Beine (Nr. 3 und Nr. 4) 7 cm unter ihrem oberen Ende miteinander verbinden. Wiederum mit einem 4-mm-Bohrer die zusammengelegten Hölzer durchbohren. Die hinteren Beine mit einer Gewindeschraube 4 × 40 zusammenschrauben, wobei darauf geachtet wird, dass der Senkkopf vorne liegt (kein Überstand, mit Kegelsenker Trichter vorbohren). Die vorderen Beine mit einer Gewindeschraube 4 × 50 verbinden, wobei darauf geachtet wird, dass die Schraube vorn aus Bein Nr. 1 herausschaut. Zwischen die Hölzer werden dabei wiederum jeweils Unterlegscheiben gelegt.

4_Vorderschaftauflage anbringen

Vorderschaftauflage, wie auf dem Foto dargestellt, aussägen und mit einer Flügelmutter vorne am Holz Nr. 1 festschrauben. Die Vorderschaftauflage kann mit dunkler Farbe gestrichen werden.

5_Auflagen fertigstellen

Zum Schutz des Vorderschaftes kann im V-Ausschnitt der Vorderschaftauflage eine Gummischnur oder Ähnliches befestigt werden (z.B. Schnur in herausgearbeitete Rille einkleben). Am oberen Ende der hinteren Beine, wo der Hinterschaft hinter dem Pistolengriff eingelegt wird, auf 5 cm Länge etwas Holz abtragen und dort elastisches Auflagematerial (z.B. Neoprenstücke) einkleben.

6_Spreizbegrenzer anbringen

In der Mitte des Beines Nr. 2 hinten (gegenüber der Vorderschaftauflage) eine Markierung anbringen. Auf gleicher Höhe am Bein Nr. 3 hinten ebenfalls eine Markierung anbringen. An den Markierungen Ringschrauben eindrehen. Eine Schnur an den Ringschrauben so festbinden, dass der Abstand zwischen den Befestigungspunkten knapp 20 cm und damit der Abstand oben zwischen Vorderschaft- und Hinterschaftauflage etwa 40 cm beträgt.

7_Wegrutschsicherung anbringen

Mit dem Spreizbegrenzer wird ein geeigneter Abstand zwischen Vorderschaft- und Hinterschaftauflage sichergestellt. Die Höhe der Gewehrauflagen für einen bequemen Anschlag wird dagegen vom Abstand der Zielstockbeine am Boden bestimmt. Bei ebenem Gelände ist bei Maßen nach Ziffer 1 dabei ein Ausstellungswinkel von etwa 60° zwischen den Zielstockbeinen der rechten und der linken Seite erforderlich. Diesen Winkel kann man sich an den Zielstockbeinen anzeichnen. Bei einem Schuss nach oben wird der Winkel dann kleiner und bei einem Schuss nach unten größer gemacht. Vor allem in letzterem Fall ist es dann wichtig, dass die unteren Enden der Zielstockbeine nicht nach außen wegrutschen. Um dies zu verhindern, kann man zum Beispiel dort auf 150° aufgebogene Metallwinkel anschrauben, die bei aufgeklapptem Zielstock in den Boden gedrückt werden können.

TIPP

Zum Auseinanderklappen werden zunächst die vorderen Beine (Nr. 1 und Nr. 2) etwas nach vorne gekippt, bevor die linken Beine (Nr. 1 und Nr. 4) nach links bzw. die rechten Beine (Nr. 2 und Nr. 3) nach rechts ausgestellt werden. Beim Nach-vorne-Kippen bewegt sich das untere Ende von Bein Nr. 1 etwas nach hinten und das untere Ende von Bein Nr. 3 etwas nach vorne. Dadurch kann sich das Ausstellen nach links und rechts etwas hakelig gestalten. Dies kann vermieden werden, wenn die unten geringfügig heraustretenden Ecken weggeschnitzt werden.

Für den Ansitz

Der Ansitz erfolgt wohl in den meisten Fällen in Deutschland von Hochsitzen aus. Durch sorgfältige Wahl des Ansitzortes kann man aber in vielen Fällen, insbesondere bei hügeligem Gelände, auch erfolgreich und sicher (Kugelfang!) vom Boden aus jagen. Dafür geeignetes Jagdzubehör wird anschließend behandelt. Außerdem wird dargestellt, wie ein Ansitzkissen für nasse oder vereiste Sitze hergestellt werden kann und wie man bei schwierigen Geländeverhältnissen mit kleinen Holzstücken eine bessere Auflage für das Gewehr beim Ansitz schaffen kann.

Dreibeinhocker

Herstellung: mittelschwer

Dreibeinhocker sind sehr beliebt. Sie sind leicht, zusammenklappbar und dadurch einfach zu transportieren. Es fehlt zwar eine Rückenlehne wie bei einem Klappstuhl, dafür sind sie aber viel handlicher und mit den drei Beinen auch leichter im Gelände aufzustellen. Es gibt sie im Handel in verschiedenen Höhen zu kaufen, ganz kleine mit einem idealen Packmaß und recht hohe für eine optimale Bequemlichkeit beim Schießen. Für normale Fälle haben sich solche mit etwa 50 cm Sitzhöhe bewährt.

Allen klappbaren Dreibeinhockern gemeinsam ist das einfache Konstruktionsprinzip, bei dem die drei Beine im mittleren Bereich durch eine Vorrichtung verbunden sind, die zwar einerseits die Beine zusammenhält, aber andererseits ein Zusammenklappen der Beine ermöglicht. Solch eine Vorrichtung ist beispielsweise ein Stern aus drei zusammengeschweißten Gewindestangenstücken, wie sie häufig bei hochwertigen, im Handel erhältlichen Hockern verwendet wird. Alternativ wird nachfolgend aber auch eine einfache Bauweise vorgestellt, bei der man nicht schweißen muss. Die Sitzfläche wird aus Leder hergestellt. Als »Baumaterial« für die Beine kann man Rundholzstäbe oder Haselnussstecken verwenden. Die Beine aus Haselnussstecken verleihen dem Hocker ein uriges und individuelles Aussehen (siehe Abbildung). Einfacher geht die Herstellung aber mit Rundholzstäben, da diese im Gegensatz zu Naturhölzern wirklich weitgehend gerade und rund sind.

Material

- 3 Rundholzstäbe 28 mm Durchmesser, 65 cm lang (oder:) (3 Haselnussstecken 22–28 mm Durchmesser, 65 cm lang)
- 3 Gewindestangenstücke M6 (oder:) (3 Ringschrauben 6 mm Durchmesser, 40 mm Schraubenlänge) (Schraube M10 × 25) (Mutter M10)
- 3 Muttern M6
- 3 Hutmuttern M6
- Platte ca. 33 × 37 cm, dünn
- Sattelleder ca. 33 × 37 cm, 3 bis 4 mm dick
- 3 Linsenkopfschrauben 4 × 40
- 3 Unterlegscheiben
- 1 Schnürsenkel 45 bis 60 cm lang
- 1 Drahtkrampe
- Schnur ca. 110 cm lang, 3 mm dick
- 2 Ringschrauben klein

Werkzeug

- Meterstab
- Bleistift
- Säge
- Messer
- Feile
- Akkubohrschrauber
- Bohrer
- Geodreieck
- Schraubzwingen
- Schweißgerät
- Eisensäge
- Zirkel
- Skalpell
- Lochzange
- Schraubenzieher
- Hammer
- Feuerzeug zum Verschweißen der Schnurenden

Beschreibung

1_Beine fertigen

Aus Rundholzstäben oder trockenen Haselnussstecken drei Teile mit jeweils 65 cm Länge heraussägen. Die Beine im unteren Bereich etwas rund schnitzen.

2_Beine verbinden (siehe Alternative)

Jeweils 30 cm vom oberen Ende entfernt ein 6 mm großes Loch in die Hockerbeine bohren. Auf einer nichtbrennbaren Platte einen dreistrahligen Stern (120°-Winkel zwischen den Strahlen) aufzeichnen. Drei Gewindestangenstücke darauf fixieren und zusammenschweißen. Die Gewindestangenstücke in 40 mm Abstand vom Schweißpunkt absägen. Jeweils ein Hockerbein auf einen Schenkel des Sterns stecken und mit einer Mutter festschrauben. Wenn man dann noch jeweils eine Hutmutter anbringt, wird die untere Mutter gegen Verlieren gesichert und die Kleidung beim Transport mit umgehängtem Sitz geschont. Man könnte auch die überstehenden Gewindestangenenden wegflexen. Dann kann man aber bei einem Austausch eines Hockerbeines aus Haselnussstecken keine dickeren Hockerbeine mehr verwenden oder muss diese an der Verbindungsstelle zuschnitzen.

Alternative:
Durch das erste Hockerbein 29,2 cm von oben, durch das zweite Bein 30,0 cm von oben und durch das dritte Bein 30,8 cm von oben ein Loch mit 6 mm Durchmesser bohren. Drei Ringschrauben mit 6 mm Durchmesser und 40 mm Schraubenlänge mit einer Schraube M10 × 25 zusammenschrauben. Das erste Höckerbein auf die oberste, das zweite Bein auf die mittlere und das dritte Bein auf die unterste Ringschraube stecken und jeweils mit einer Schraubenmutter sichern.

3_Schablone für den Sitz fertigen (siehe unten)
Ein als Sitzfläche dienendes dreieckförmiges Lederstück wird mithilfe einer Schablone aus dickem Karton, dünnem Sperrholz oder anderen dünnen Platten gefertigt. Zur Herstellung der Schablone auf der Platte zunächst wieder einen dreistrahligen Stern (120°-Winkel zwischen den Strahlen) aufzeichnen, diesmal aber mit einer Strahlenlänge von 19 cm. Am Ende der Strahlen jeweils einen Kreis mit 2 cm Radius anbringen. Diese Kreise mit tangentialen Linien verbinden. In der Mitte der Linien senkrecht nach innen einen Punkt in 11,3 mm Abstand einzeichnen. Links und rechts davon in jeweils 3 cm Abstand weitere Punkte mit folgenden Abständen zur Linie anbringen:

Abstand vom Mittelpunkt	0 cm	3 cm	6 cm	9 cm	12 cm
Abstand von der Linie	11,3 mm	11,2 mm	9,5 mm	7,2 mm	4,1 mm

Die Punkte miteinander und die letzten Punkte mit den Kreisen verbinden. Diese leicht nach innen gewölbten Randlinien sind Segmente eines Kreises mit 1 m Radius. Die Schablone ausschneiden bzw. aussägen, auf das Leder legen und den Rand aufzeichnen. Die Sitzfläche mit einem Skalpell oder einer Säge herausarbeiten.

4_Sitzfläche anbringen
Mindestens den halben Durchmesser der Hockerbeine von den Ecken des Lederstücks entfernt jeweils ein Loch mit dem Durchmesser der Befestigungsschrauben herausstanzen. Die Hockerbeine so weit auseinanderziehen, bis dieses Dreieck daraufpasst. Die Beine oben zur Mitte hin abschrägen. Dabei einen Keil mit einer Höhe von etwa 20 % des Steckendurchmessers (etwa 5 mm) wegsägen. Zusätzlich die Enden der Hockerbeine im inneren Bereich etwas abrunden. Das Lederdreieck auf die Hockerbeine daraufschrauben. Dabei jeweils senkrecht zur abgeschrägten Stirnfläche der Hockerbeine Löcher vorbohren und eine Unterlegscheibe zwischen Schraubenkopf und Leder legen.

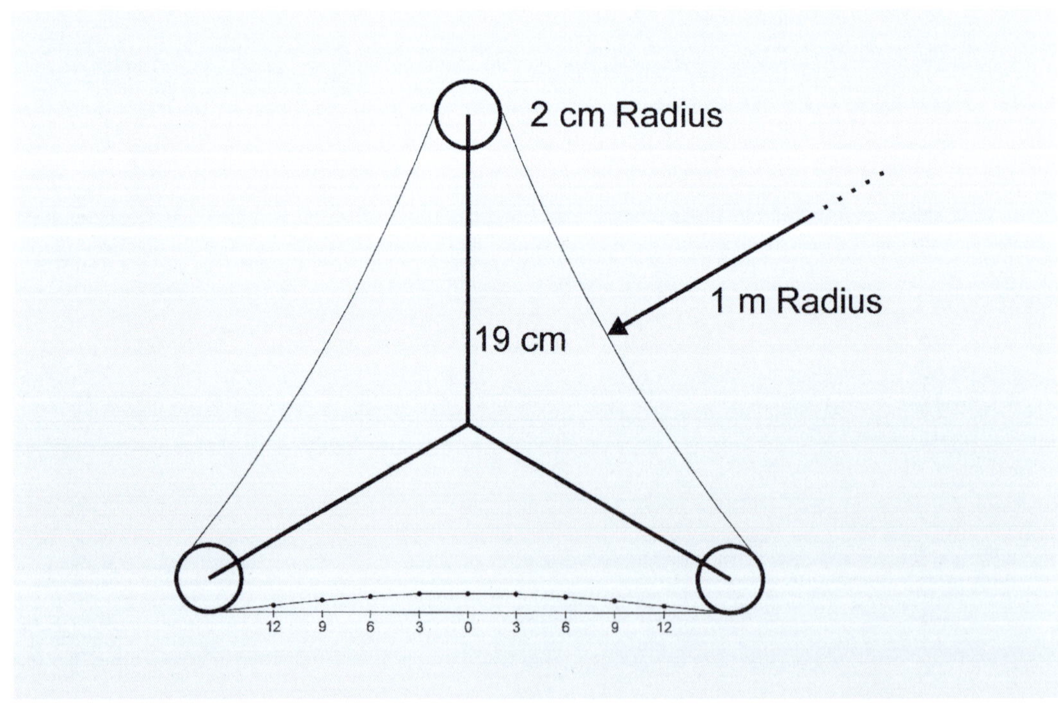

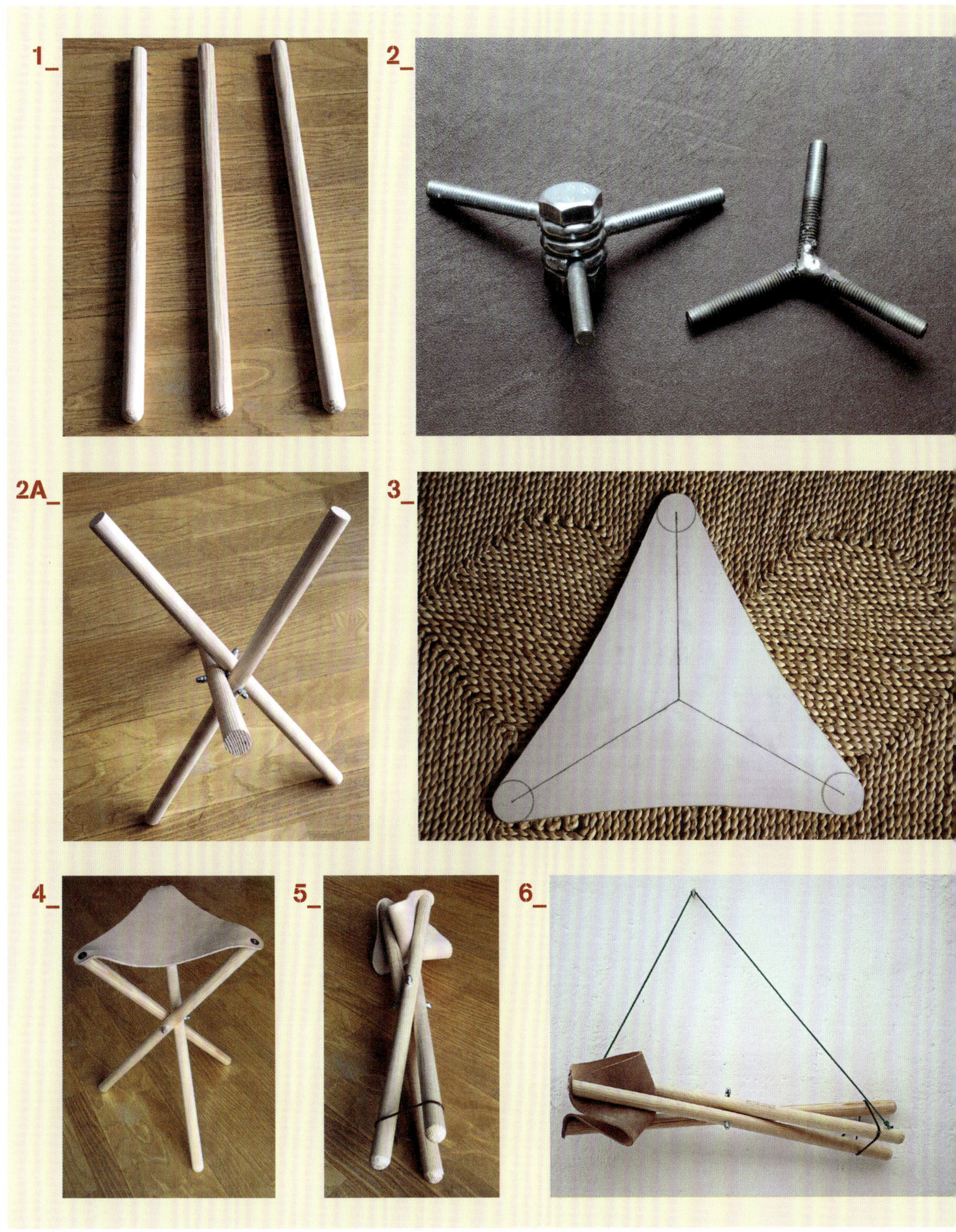
1_
2_
2A_
3_
4_
5_
6_

5_Transportsicherung anbringen

Einen Schnürsenkel etwa 5 cm von einem unteren Hockerbeinende entfernt mit einer Drahtkrampe so anheften, dass auf beiden Seiten etwa gleich lange Stücke zum Festbinden der beiden anderen Beine vorhanden sind. Normalerweise reichen hierfür Schnürsenkel mit 45 cm Länge. Wenn sich die Hockerbeine, insbesondere bei Haselnussstecken, unten jedoch schwer zusammendrücken lassen, sind solche mit 60 cm Länge vorzuziehen.

6_Transportriemen anbringen

Am selben Hockerbein 5 cm vom oberen und 3 cm vom unteren Ende entfernt kleine Ringschrauben eindrehen und dort die Enden einer Schnur für das Tragen des Hockers anknüpfen. Die Schnur sollte etwa 110 cm lang sein, sodass sie nach der Befestigung an den Ringschrauben in der Mitte noch etwa 35 bis 40 cm vom Hockerbein weggezogen werden kann.

TIPP

Die fehlende Rückenlehne kann durch eine Positionierung des Dreibeinhockers vor einem Baum ersetzt werden. Allerdings muss man dann auch dafür sorgen, dass man nicht so leicht gesehen wird (siehe nächstes Kapitel)

Tarnnetzschirm

Herstellung: einfach

Mit dem vierbeinigen Zielstock kann man prima schießen, mit dem Dreibeinhocker sitzt man recht bequem, vor allem wenn man ihn vor einen Baum gestellt hat und diesen als Rückenlehne verwenden kann. Aber das nutzt alles nicht viel, wenn man vom Wild gesehen wird. Man muss daher in der Regel für ausreichend Sichtschutz oder Tarnung sorgen. Als Sichtschutz kann man sich an geeigneten Stellen relativ einfach durch Einschlagen von zwei oder mehreren Pfählen und Befestigung von Ästen und Zweigen an diesen einen guten, natürlichen Schirm bauen. Allerdings kann man solche Schirme nicht überall hinstellen, z. B. auf Rückegassen oder Viehweiden. Für solche Fälle oder wenn man einfach bezüglich der Ansitzplätze sehr flexibel sein will, baut man sich am besten einen Tarnnetzschirm. Ein Tarnnetz, etwa 2 bis 3 m lang und 1 bis 1,5 m hoch, wird dabei an Stangen befestigt. Im Handel gibt es dafür spezielle Teleskopstangen für Tarnstände. Einfache Haselnussstecken, die man wie nachfolgend beschrieben bearbeitet, tun es aber auch.

Material

- Tarnnetz 100 bis 150 cm breit, 200 bis 300 cm lang
- Haselnussstecken 130 cm lang, oben ca. 2 bis 3 cm dick
- Regalkonsolen
- Schrauben M4 × 30, M4 × 40 je nach Dicke des Steckens
- Schnürsenkel 45 cm lang

Werkzeug

- Meterstab
- Säge
- Messer
- Schraubenzieher
- Bohrer
- Eisensäge

Beschreibung

1_Stecken ablängen und bearbeiten

Die Länge der Stecken richtet sich nach der Sitzhöhe. Mein kurzer Zielstock und mein Dreibein sind für eine Sitzhöhe von ca. 50 cm eingerichtet. Bei ebenem Gelände ist damit eine Höhe des Tarnnetzschirms von etwa 1 m ideal. Da man die Stecken aber ausreichend weit in den Boden drücken muss und bei ansteigendem Gelände vor dem Sitz eine größere Höhe des Tarnnetzschirms erforderlich ist, mache ich diese 130 cm lang. Bei scharfen Unebenheiten an der Oberfläche der Stecken diese mit einem Messer wegschneiden. Das untere Steckenende mit dem Messer zuspitzen.

2_Eindrückhilfe anbringen

Je nach Boden gestaltet sich das Eindrücken der Stecken mehr oder weniger schwierig, in felsigen Untergrund geht es gar nicht, in Moorboden spielend leicht. Für zumeist anzutreffende, normale Verhältnisse hilft es, wenn man zum Eindrücken den Fuß zu Hilfe nehmen kann. Dazu braucht man nur ca. 1 m unter dem oberen Steckenende jeweils eine kleine, aber stabile Regalkonsole anschrauben. Hierzu Maschinenschrauben nehmen und das über die Mutter hinausragende Gewinde jeweils wegsägen.

1_
2_
3A_
3_

3_Tarnnetzbefestigung

Am oberen Rand des Tarnnetzes in Abständen von etwa 50 cm Schnurstücke, z.B. Schnürsenkel, anknüpfen oder annähen (**3A**). Damit kann man das Tarnnetz schon an die Stecken, die in Abständen von etwa 50 oder 100 cm (wie bei den Schnüren) in den Boden gedrückt werden, festbinden. Damit die Schnüre nicht auf den Stecken verrutschen, kann man dann auch noch Löcher durch den oberen Bereich der Stecken bohren, durch die die Schnüre geführt werden. Ich mache hier 3 cm von oben und dann jeweils im Abstand von 5 cm insgesamt sechs Löcher mit 6 mm Durchmesser in die Stecken hinein. Die Kanten der Bohrlöcher werden mit einem Kegelsenker abgeschrägt. Alternativ zu den Bohrlöchern könnten auch Ringschrauben in die Stecken gedreht werden.

TIPP

Bei Verwendung eines Dreibeinhockers vor einem Baum und eines Zielstockes ist darauf zu achten, dass der Tarnnetzschirm in ausreichender Entfernung zum Sitz aufgestellt wird. Hier erst den Sitz aufstellen, dann eine Stange in der Richtung, wo vermutlich Wild erscheint, in den Boden stecken, überprüfen, ob ein Anschlag mit dem Zielstock in diese Richtung gut möglich ist, gegebenenfalls den Abstand der Stange vom Sitz noch korrigieren und erst dann die anderen Stecken jeweils in den Boden stecken und das Tarnnetz an diesen festbinden.

Hakenklappstuhl

Herstellung: mittelschwer

Alternativ zum Tarnnetzschirm kann man für den Bodenansitz auch einen Ansitzstuhl verwenden. Im Handel gibt es solche Ansitzstühle auch mit drehbarem Sitz und sich mitdrehender Arm-/Gewehrauflage. Mit einem solchen »Schießstuhl« habe ich auch schon Rehe erlegt. Das Mitdrehen der Auflagen mit dem Stuhl ist dabei nicht schlecht, erfordert aber Metallkonstruktionen. Da solche Drehmechanismen sowie die hier oft vorhandenen zusammenklappbaren Stuhlbeine und Schraub-Steck-Verbindungen für die Armauflage nicht so einfach selbst hergestellt werden können, wird im Folgenden ein Klappstuhl vorgestellt, den man in ähnlicher Form auch als niedrigen, transportablen Hochsitz bauen kann und der seinen Zweck auch erfüllt.

Material

- 2 vordere Stuhlbeine (**A**) 38 × 58 × 1000 cm
- 2 hintere Stuhlbeine (**B**) 38 × 58 × 1000 cm
- 2 Armauflagen (**C**) 28 × 48 × 1100 cm
- Querholz (**D**) 80 × 850 cm (Halbrundriegel)
- 2 Streben (**E**) 28 × 48 × ca. 900 cm
- Gewehrauflage (**F**) 18 × 95 × 1000 cm
- Rückenlehnenabstützung (**G**) 80 × 900 cm (Halbrundriegel)
- 2 Achsenführungen am Sitzbrett (**H**) 28 × 48 × 100 cm
- Sitzbrett (**I**) 12 × 400 × 610 cm (Siebdruckplatte)
- Rückenlehne (**J**) 12 × 450 × 610 cm (Siebdruckplatte)
- 2 Armauflagebretter (**K**) 18 × 95 × 900 cm
- Aluminiumstange 8 × 695 cm
- 2 Scharniere
- 4 Dachrinneneisen RG 75
- 2 Schlossschrauben 8 × 120
- Schlossschraube 6 × 40
- Unterlegscheiben 8,4 × 25, 6,4 × 20
- 12 Gewindeschrauben 6 × 20
- 12 Gewindeschrauben 5 × 20
- Senkkopfschrauben 6 × 80, 5 × 60, 5 × 50, 4 × 35

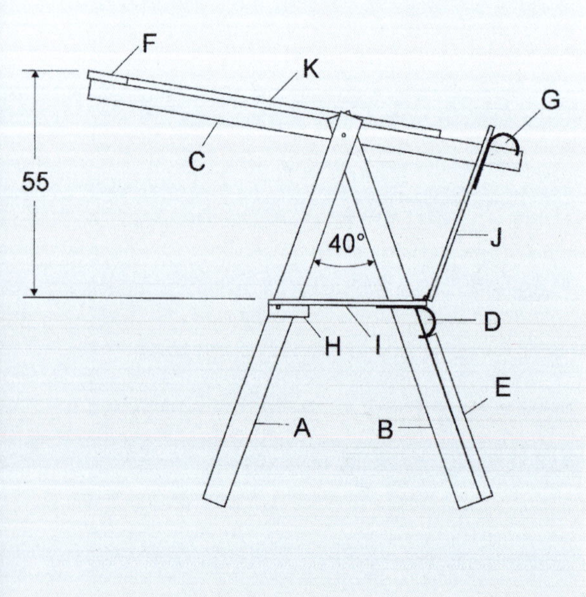

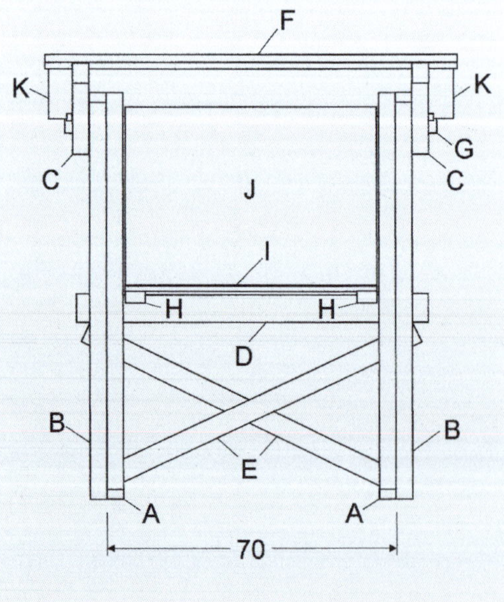

Werkzeug

- Bleistift
- Meterstab
- Winkel
- Säge
- Bohrer
- Stemmeisen
- Gabelschlüssel
- Schrauber
- Kegelsenker
- Zwingen
- Hammer

Beschreibung

1_Stuhlbeine und Armauflagen fertigen
Stuhlbeine (**A**, **B**) und Armauflagen (**C**) zurechtsägen. Löcher mit 8 mm Durchmesser bohren durch
- die vorderen Stuhlbeine (**A**) 5 cm von oben mittig und 50 cm von oben und 2 cm vom oberen Rand entfernt,
- die hinteren Stuhlbeine (**B**) 5 cm von oben mittig und
- die Armauflagen (**C**) 45 cm von hinten und 1,5 cm vom unteren Rand entfernt.

2_Rückseite zusammenbauen
Die hinteren Stuhlbeine mit 70 cm Innenabstand parallel nebeneinanderlegen. Die Stuhlbeine 50 cm unter ihrem oberen Ende mit einem Querholz (**D**) verbinden. Unter dem Querholz mit sich kreuzenden Diagonalstreben (**E**) die Rückseite aussteifen. Hierzu zunächst eine Strebe einpassen und befestigen. Die andere Strebe ebenfalls einpassen, die Ränder der Überlappungsfläche markieren, die Holzdicke beider Streben dort jeweils um die Hälfte reduzieren, die zweite Strebe befestigen und am Kreuzungspunkt mit der anderen zusammenschrauben.

3_Vordere Stuhlbeine und Armauflagen anschrauben
Die vorderen Stuhlbeine (innen liegend) und die Armauflagen (außen liegend) mit den hinteren Stuhlbeinen zusammenschrauben. Zwischen die Holzteile Unterlegscheiben legen.

4_Gewehrauflage und Rückenlehnenabstützung anbringen
Die Armauflagen mit der Gewehrauflage (**F**) und der Rückenlehnenabstützung (**G**) verbinden. Die Gewehrauflage soll 1 cm über die Armauflagen hinausreichen. Darauf achten, dass der Innenabstand zwischen den Armauflagen so groß ist wie der Außenabstand der hinteren Stuhlbeine. Die Rückenlehnenabstützung 9 cm vor den hinteren Enden der Armauflagen befestigen.

5_Sitz fertigen
An zwei 10 cm langen Dachlattenstücken (**H**) eine Nut mit 8 mm Breite und Tiefe so anbringen, dass sie 21 mm vom vorderen Rand entfernt ist (Achsabstand 25 mm). Unter das Sitzbrett (**I**) an den vorderen Ecken die Dachlattenstücke mit der Nut parallel zum vorderen Sitzbrettrand anschrauben. Bei Verwendung von Senkkopfschrauben mit einem Kegelsenker die Bohrlochränder in den Siebdruckplatten jeweils abschrägen. Rückenlehne (**J**) hinten am Sitzbrett mit Scharnieren befestigen.

6_Sitzbrett anbringen
Vordere Stuhlbeine 40° zu den hinteren ausklappen. Durch das 50 cm unter einem vorderen Stuhlbein gebohrte Loch eine Metallstange mit 8 mm Durchmesser klopfen. Dann die Stange weiter durch die Nute der Dachlattenstücke und durch das andere Stuhlbein treiben. Stange z. B. mit Klammern gegen Heraustreten aus den Löchern sichern. Als Klammern können 65er-Nägel verwendet werden, bei denen man den Kopf abgetrennt und die Enden im 90°-Winkel umgeschlagen hat. Dachrinnenhalter am Querholz anliegend unten am

Sitzbrett hinten links und rechts anschrauben. Um hier beim Vorbohren ein Ausfransen der Siebdruckplatten beim Austritt des Bohrers zu vermeiden, kann dort ein Brettstück angeklemmt werden.

7_Rückenlehne anbringen

Die Armauflagen so positionieren, dass sich die Gewehrauflage 55 cm über dem Sitzbrett befindet. Zum Messen dieses Maßes ein Brett auf das Sitzbrett legen. Dachrinneneisen in gleicher Weise wie beim Sitzbrett an der Rückenlehne hinten links und rechts so anbringen, dass sie an der Rückenlehnenabstützung anliegen.

8_Armauflagebretter anbringen

Armauflagebretter (**K**) auf die Armauflagen daraufmachen.

1_

2_

TIPP

Als Sichtschutz kann unter den Auflagen ein Tarnnetz angebracht werden. Dazu an deren Unterseite Ringschrauben eindrehen, an denen das Tarnnetz mit Schnüren befestigt werden kann.

3_
4_
5_
6_
7_
8_

Für den Hochsitzbau

Hochsitze sind, vor allem wenn sie nicht transportabel sind, Reviereinrichtungen und sollen hier nicht behandelt werden. Dafür werden aber vier Ausrüstungsgegenstände vorgestellt, die den Bau der Hochsitze wesentlich erleichtern können.

Schälbock

Herstellung: mittelschwer

Vor allem für höhere Hochsitze werden meistens Fichtenstangen für die Herstellung der Tragkonstruktion und der Leiter verwendet. Das Schälen der Stangen hat dabei den Vorteil, dass dadurch Fäulnis unter der Rinde oder Borkenkäferbefall vermieden wird und dass die Stangen durch Gewichtsreduzierung und glatter Oberfläche leichter geschleppt werden können. Das Schälen macht aber ganz schön Arbeit. Diese kann man sich mit dem nachfolgend beschriebenen Schälbock erleichtern.

Material

- Kantholz 38 × 58 × 2000 cm
- 2 Lochbleche 2 × 40 × 200 cm
- Senkkopfschrauben 4 × 20
- Schlossschraube 8 × 100
- Möbelrolle
- 4 Schrauben 5 × 40
- Kette 50 cm lang
- 2 Schlüsselschrauben 5 × 40
- Kantholz 28 × 48 × 750 cm

Werkzeug

- Bleistift
- Meterstab
- Säge
- Akkubohrschrauber
- Bohrer
- Flex
- Stemmeisen
- Ratsche
- Nüsse

Beschreibung

1_Scherenkonstruktion vorbereiten

Aus einem Kantholz zwei Teile mit 100 cm Länge für die Scheren heraussägen. Ein Loch mit 8 mm Durchmesser 25 cm unter den oberen Enden der Scheren durch diese bohren. An zwei Lochblechen jeweils eine Längsseite mit der Flex zahnförmig zuschleifen. Im Bereich dieser Lochbleche von den Scheren oben mindestens lochblechdick auf der ganzen Länge der Lochbleche so breit das Holz abtragen, dass nur noch die Lochblechzähne vorstehen. Die Lochbleche an den Scheren oben anschrauben.

2_Scheren zusammenbauen

Die Scheren und eine Gelenkverbindung zusammenschrauben. Als Gelenkverbindung kann man z. B. eine Möbelrolle verwenden, bei der das Rad entfernt wurde. Die Fußplatte des Möbelrollengelenkes zusätzlich durch Festschrauben an der Strebe gegen Verdrehen sichern.

3_Spreizsicherung anbringen

Mit einer 50 cm langen Kette die Scheren 37 cm über deren unteren Enden verbinden.

4_Stützstrebe anbringen

Stützstrebe mit 75 cm Länge und 48 mm Breite am oberen Ende so zusägen, dass sie in das Möbelrollengelenk passt. Die Strebe 2 cm von oben durchbohren und mit der Möbelrollenachse am Gelenk anbringen.

1_

2_

3_

4_

TIPP

Fichtenstangen möglichst bald nach dem Fällen schälen. Das untere Stangenende auf den Schälbock legen und die Rinde von oben nach unten abschälen.

Stehleiter

Herstellung: mittelschwer

Wenn man Hochsitze mit einem niedrigen Unterbau aus Stangen und daraufgestelltem zerlegbarem Kanzelaufbau baut, braucht man ein Hilfsmittel, um auch in etwas erhöhter Position arbeiten zu können. Dabei muss das Hilfsmittel auch für gegebenenfalls geneigtes Gelände geeignet sein. Normale Stehleitern aus Aluminium taugen dafür wenig. Spezielle Aluleitern oder -gerüste sind dagegen relativ teuer. Deren Verbleib im Revier, wenn der Hochsitz nicht fertig geworden ist, wäre daher nicht ratsam. Meine Holzleiter klaut dagegen (hoffentlich) niemand. Außer für Arbeiten in größeren Höhen, für die ich eine Teleskopleiter einsetze, ist sie für mich jedoch sehr nützlich. Sie kann durch mehr oder weniger starkes Ausklappen der Abstützung auch bei geneigtem Gelände eingesetzt werden, besitzt durch die ausgestellten Diagonalstreben an der Abstützung eine ausreichende seitliche Stabilität und kann durch Lösen von zwei Schrauben zerlegt auch als Anlegeleiter verwendet werden. Sie ist vom Material her billig, ziemlich schnell zusammengebaut und jedenfalls für mich voll ihren Preis wert.

Material

- 2 Kanthölzer (**A**) 4 × 6 × 205 cm
- 2 Holzleistenstücke (**B**) 2,4 × 4 × 30 cm
- 8 Holzleistenstücke (**B**) 2,4 × 4 × 25 cm
- 5 Kanthölzer (**C**) 3 × 5 × 48 cm
- Kantholz (**D**) 3 × 5 × 52 cm
- 2 Kanthölzer (**E**) 4 × 6 × 195 cm
- 2 Kanthölzer (**F**) 3 × 5 × 180 cm
- Kantholz (**G**) 3 × 5 × 65 cm
- 1 Brett mit 96 cm Länge
- 20 Senkkopfschrauben 4 × 40
- 18 Schlüsselschrauben 6 × 70
- 19 Unterlegscheiben M6
- 2 Schlossschrauben 8 × 100
- 4 Unterlegscheiben M8
- 2 Flügelmuttern M8
- 1 Schlossschraube 6 × 50
- 2 Senkkopfschrauben 6 × 100
- 2 Schraubhaken
- 1 Kette mit 2 m Länge
- 1 Wasserwaagenlibelle

Werkzeug

- Bleistift
- Meterstab
- Geodreieck
- Säge
- Zwingen
- Bohrer
- Schrauber
- Kegelsenker
- Stechbeitel
- Hammer

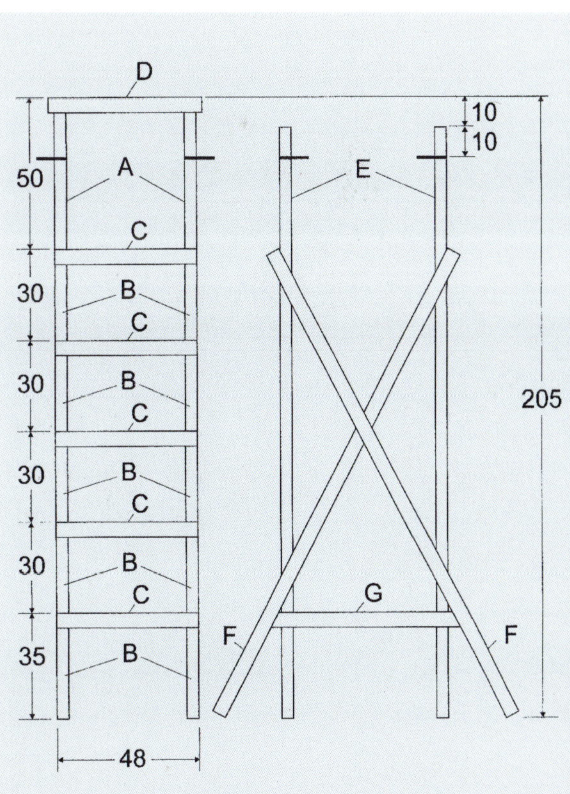

1_
2_
3_

Beschreibung

1_Leiter zusammenbauen

Beim Kauf der Kanthölzer ist hier besonders darauf zu achten, dass diese nicht nur möglichst gerade, sondern auch entsprechend tragfähig sind. Vor allem bei den Sprossen und hier insbesondere in deren mittlerem Bereich sollten beispielsweise keine größeren Asteinschlüsse vorhanden sein. Auch bei den Schrauben sollte auf hohe Qualität geachtet werden. An den Leiterholmen (**A**) unten die 30 cm langen Abstandshölzer (**B**) anbringen. Die Leiterholme mit 48 cm Außenabstand parallel nebeneinanderlegen. Über den Abstandshölzern die unterste Sprosse (**C**) und am oberen Ende die Griffleiste (**D**) befestigen. Vor dem Eindrehen der Schrauben in diese und in die weiteren Sprossen Löcher vorbohren. Von der unteren Sprosse beginnend jeweils links und rechts ein Abstandsholz und darüber die nächste Sprosse auf die Holme daraufmachen.

2_Abstützung anbringen

Die Leiter umdrehen. Die Abstützhölzer (**E**) an den unteren Enden mit den Leiterfüßen bündig außen an die Holme klemmen. 10 cm unter deren oberem Ende jeweils ein Loch mit 9 mm Durchmesser rechtwinkelig durch Abstützholz und Holm bohren. Ein Kantholzstück mit einer entsprechenden Bohrung kann hierbei als Bohrschablone verwendet werden. Die Zwingen wieder entfernen. Holme und Abstützhölzer mit Schlossschrauben und Flügelmuttern verbinden. Auf der Höhe der obersten Sprosse an den Abstützungen Markierungen anbringen. Unten an den Stirnflächen der Abstützhölzer ein Brett so anschrauben, dass es auf beiden Seiten 20 cm hinausragt. Eine Diagonalstrebe (**F**) mit dem oberen Ende an der Markierung und mit dem unteren Bereich am Brett anliegend auf die Abstützhölzer schrauben. Die zweite Diagonalstrebe symmetrisch zur ersten auf die Abstützhölzer daraufmachen, wobei am Kreuzungspunkt jeweils die Hälfte der Holzstärke mithilfe einer Säge und eines Stechbeitels weggenommen wird. Die Diagonalstreben auf Höhe des Brettes absägen und am Kreuzungspunkt mit einer Schlossschraube verbinden. Das Brett wieder entfernen. Ein Querholz (**G**) auf der Höhe der untersten Sprosse einpassen und an den Abstützhölzern festmachen. Die Diagonalstreben an dieses Querholz anschrauben.

3_Spreizsicherung anbringen

Die Leiter kann nun aufgestellt werden. Innen an einem Holm und am daran befestigten Abstützholz 20 cm über deren Fußenden starke Schraubhaken anbringen. Am Holm ein äußeres Kettenglied in den Schraubhaken legen (siehe Tipp).

TIPP

Um die Leiter möglichst gut mit einem idealen »Anstellwinkel« von 70° aufstellen zu können, an einem Holm innen mit einem Geodreieck den entsprechenden Winkel anzeichnen und dort eine Wasserwaagenlibelle anbringen. Im Revier stellt man dann die Leiter in Richtung des Geländegefälles auf und klappt die Abstützung so weit aus bzw. den »Hang« hoch, bis der richtige Leiteranstellwinkel erreicht ist (Kette einhängen!).

Aufstellhilfe (großer Winkel)

Herstellung: einfach

Hochsitze aus Stangen passen sich der Landschaft besser an als solche aus Schnittholz. Für die Verschalung von Kanzeln werden aber in der Regel Bretter verwendet, weil deren Verwendung weniger Arbeit erfordert. Da kann man dann für den Kanzelaufbau fast genauso gut auch Kanthölzer hernehmen, auf die man die Bretter schraubt oder nagelt. Meist werden dazu die Kanthölzer und Bretter zu Hause zu vier Seitenwänden zusammengefügt, die dann im Revier auf den Kanzelboden gestellt werden. Vor allem bei kleinen Kanzeln, die man ansonsten gut alleine aufstellen kann, ist dies am Anfang gar nicht so leicht. Bei meinen ersten solchen Kanzelaufbauten habe ich die zuerst aufgestellte Vorderseite festgehalten, während ich mit der anderen Hand ein Seitenteil dazugestellt und mit der Vorderseite verbunden habe. Bei den beengten Platzverhältnissen auf den kleinen Kanzelböden war dies oft schwierig und auch nicht ganz ungefährlich. Daher habe ich mir schon sehr bald einen entsprechenden Holzwinkel gebaut, mit dem die Vorderseite provisorisch gut abgestützt wird bis daran ein Seitenteil befestigt ist. Die Vorderseite stelle ich dabei zunächst auf eine oder zwei bereits in den Kanzelboden eingedrehte Stockschraube(n), positioniere den Holzwinkel zwischen Boden und Vorderseite und verbinde ihn mit diesen durch zwei Schrauben. Die Vorderseite steht nun ausreichend gut alleine und absolut senkrecht. Das Weitere ist dann ein Kinderspiel.

Mit dem Holzwinkel kann man aber auch in vielen anderen Fällen Hochsitzteile provisorisch abstützen. Wenn man beispielsweise zwei fertige Seitenteile kleinerer Kanzeln noch mit Querhölzern verbinden will, kann man damit diese oder zumindest eines davon gut und vor allem rechtwinklig zum Boden abstützen. Bei einem Betonboden wird einfach ein schwerer Gegenstand auf das am Boden befindliche Ende des Holzwinkels gestellt.

Material

- 1 Holzlatte 24 × 44 × 3000 cm
- 2 Schrauben 4 × 40
- 2 Eckwinkel
- 8 Schrauben 3,5 × 20
- 2 Schrauben 5 × 60
- Wasserwaagenlibelle
- 2 Senkkopfschrauben 3,5 × 20

Werkzeug

- Bleistift
- Lineal
- Säge
- Bohrer
- Schrauber
- Kegelsenker

Beschreibung

1_Vorbereiten und Zusägen

Zunächst muss man festlegen, welche Schenkellänge der Holzwinkel haben soll. Bei meinen Kanzelaufbauten befindet sich die Oberkante der Gewehrauflage regelmäßig einen Meter über dem Boden. Daher wähle ich als Schenkellänge ebenfalls einen Meter. Die Aussteifung zwischen den Schenkeln mache ich 82 cm lang. So kann ich die beiden Schenkel und die Aussteifung auch leicht aus einer 3 m langen Holzleiste heraussägen. Bei der Auswahl der Holzleiste achte ich noch mehr wie sonst besonders darauf, dass sie möglichst gerade und wenig verdreht ist. Die Holzleiste wird hochkant gestellt und in die oben genannten Teile zersägt. Die Schenkel werden auf einer Seite rechtwinklig und auf der anderen Seite im 45°-Winkel durchtrennt. Die Aussteifung wird auf beiden Seiten mit einem 45°-Winkel versehen. Die oben genannten Maße beziehen sich auf die längere Seite.

2_Zusammenschrauben

Die beiden Schenkel werden an den beiden abgeschrägten Enden zusammengeleimt und mit Eckwinkeln verbunden. Die Schenkel bilden exakt einen 90°-Winkel, wenn der Abstand der äußeren Schenkelenden 1,414-mal so groß ist wie die Schenkellänge, d. h., bei 1 m Schenkellänge beträgt der Abstand 141,4 cm. Die beiden Schenkel werden zusätzlich mit einer Aussteifung verbunden. Dazu wird an den Schenkelinnenseiten jeweils eine Markierung in einem Abstand von 0,707 mal Länge der Aussteifung vom Schenkeleck entfernt angebracht, d. h., bei 82 cm langer Aussteifung sind die Markierungsstriche 58 cm vom Schenkeleck entfernt. Das zwischen den Markierungen positionierte Aussteifungsholz an die Schenkel leimen und zusätzlich mit jeweils einer Schraube fixieren.

3_Wasserwaagenlibelle anbringen

Eine Wasserwaagenlibelle auf einem Schenkel befestigen.

4_Bohrlöcher

Die Schenkel für die Verschraubung des Winkels mit der Gewehrauflage und mit dem Kanzelboden vorbohren. Ich bringe die Bohrlöcher mit 3 mm Durchmesser für Schrauben 5 × 60 so an, dass sie 2 cm und 30 cm von den Schenkelenden entfernt sind.

TIPP

Natürlich kann man den großen Holzwinkel, bei dem ich auf einen Schenkel eine Wasserwaagenlibelle aufgeschraubt habe, auch für viele andere Zwecke beim Hochsitzbau verwenden, z. B. zur Ausmessung der Aufstandsflächen von Kanzelständern, zum senkrechten Aufstellen von Stangen, zum waagrechten Ausrichten von Kanzelböden und natürlich auch dazu, zwei Holzteile rechtwinklig miteinander zu verbinden.

1_
2_
3_
4_

Dachangel (Hebevorrichtung)

Herstellung: schwierig

Dächer von Hochsitzen können direkt auf diese daraufgebaut werden oder unten am Boden oder woanders, z.B. zu Hause, fertiggestellt und dann auf den Sitz aufgelegt werden. Wenn die Dächer mit Brettern gefertigt werden, ist dies im ersten Falle manchmal nicht ganz ungefährlich und im zweiten Fall, insbesondere bei größeren Dachflächen, oft recht mühsam. Um das Hochheben auch schwerer Dächer ohne Seile und alleine durchfuhren zu können, habe ich mir dafür eine Hilfskonstruktion gebaut. Sie besteht aus einem 180 cm langen Kantholz mit Verlängerungsmöglichkeit unten auf 204 cm, einer Umlenkrolle mit Seilführung obendrauf, einer Seilwinde im unteren Bereich und einem 80 cm langen Fußauflagerholz (gängige Sprossenlänge) unten daran. Das Ganze sieht aus wie eine überdimensionierte Angelrute. An den Haken (besser Karabiner, Schäkel oder Schraubnotglied) wird allerdings kein Köder, sondern das Dach gehängt. Die Befestigung des Daches erfolgt an einer Ringschraube, die in der Mitte des nächsten hinter der Dachmitte befindlichen Kantholzes befestigt wird. Je größer der Abstand zwischen diesem Befestigungspunkt und dem Schwerpunkt des Daches ist, desto länger muss die Dachangelrute eingestellt werden, damit das Dach beim Zurückkippen der Angel und bei gleichzeitigem Nachhintenziehen in der richtigen Position zu liegen kommt. Die Dachangelrute wird bei Kanzeln an die Oberkante der Vorderseite und bei Leitern an ein vorne an den Dachträgern angebrachtes Querholz gelehnt. Bei Leitern müssen außerdem in vielen Fällen zusätzlich horizontale Hölzer zum Daraufstellen des Fußauflagerholzes provisorisch über der obersten Sprosse angebracht werden.

Material

- 2 Kanthölzer 28 × 48 × 450 cm
- Kantholz 58 × 58 × 1800 cm
- 2 Maschinenschrauben 10 × 120
- Zaunlatte 7 cm breit
- 4 Holzdübel 8 × 40
- Leim
- Lochband
- Senkkopfschrauben 5 × 25
- Umlenkrolle 80 mm Durchmesser, 5 mm großes und 22 mm langes Achsenloch
- 2 Flacheisen 4 × 20 × 300 cm
- Schlossschraube 4 × 80
- Gewindestangenstück 8 × 160 cm
- 2 Muttern M8
- 2 Schrauben 3,5 × 30
- Winde
- 2 Maschinenschrauben 8 × 80
- Ringschraube

Werkzeug

- Bleistift
- Meterstab
- Säge
- Schraubzwingen
- Bohrmaschine
- Bohrer
- Gabelschlüssel
- Lineal
- Bohrschablone
- Tiefenbegrenzer (für Bohrlöcher)
- Zentrierspitze
- Hammer
- Blechschere
- Schrauber
- Flex

Beschreibung

1_Verlängerungshölzer anbringen

Zwei Kanthölzer 28 × 48 (Verlängerungshölzer) mit 45 cm Länge zusammenklemmen und 5 cm, 17 cm, 29 cm und 41 cm vom oberen Ende entfernt senkrecht mit einem 8-mm-Bohrer durchbohren. Die beiden Verlängerungshölzer unten 2 cm überstehend gegenüber an ein 180 cm langes Kantholz 58 × 58 (Dachangel) klemmen und dieses am obersten und untersten Loch der Verlängerungshölzer durchbohren. Die Kanthölzer mit einer Maschinenschraube verbinden, die durch das 2. Loch von unten an den Verbindungshölzern und durch das untere Loch der Dachangel gesteckt wird. Die Dachangel am oberen Loch der Verbindungshölzer durchbohren. Anschließend die Kanthölzer mit einer Maschinenschraube verbinden, die durch das 3. Loch von unten an den Verbindungshölzern und durch das untere Loch der Dachangel gesteckt wird. Die Dachangel noch mal am oberen Loch durchbohren.

2_Fußauflagerholz anbringen

Das Fußauflagerholz durch Zusägen einer Zaunlatte auf 80 cm Länge herstellen. Die zwei Verlängerungshölzer mit zwei Schrauben, die durch die obersten und untersten Löcher gesteckt werden, mit der Dachangel verbinden. An den unteren Stirnflächen der Verlängerungshölzer jeweils 1,5 cm vom Rand entfernt die Position für zwei Bohrlöcher kennzeichnen. Dazu mit einem Streichmaß oder Lineal und Bleistift eine Mittellinie parallel zur längeren Seite anbringen und senkrecht zu dieser 1,5 cm von den schmäleren Seiten entfernt zwei Striche ziehen. Mit einer Bohrschablone und einem Tiefenbegrenzer an den beiden Stellen 2 cm tiefe und 8 mm große Löcher bohren. Zentrierspitze in die Bohrlöcher stecken und damit kleine Vertiefungen in das Fußauflagerholz drücken. Das Fußauflagerholz dabei so positionieren, dass seine Mitte mit der Mitte der Dachangel übereinstimmt. An den Vertiefungen ebenfalls mit Bohrschablone und Tiefenbegrenzer Löcher bohren. In die Stirnflächen der Verlängerungshölzer mit Leim bestrichene

Holzdübel mit 8 mm Durchmesser einschlagen. Leim auch auf die Stirnflächen der Verlängerungshölzer und auf die herausragenden Holzdübel auftragen und dann das Fußauflagerholz auf die Verlängerungshölzer klopfen. Zusätzlich zur Holzdübelverbindung das Fußbodenauflagerholz mit Lochbandstücken mit den Verlängerungshölzern verbinden.

3_Umlenkrolle anbringen

Oben an der Dachangel eine Aussparung herausarbeiten, in die die Umlenkrolle hineinpasst. Einen halben Zentimeter weiter als der Umlenkrollenradius vom oberen Ende entfernt ein senkrechtes, 5 mm großes Loch für die Umlenkrollenachse bohren. In zwei Flacheisen 2 cm von den Enden entfernt jeweils ein Loch mit 5 mm Durchmesser und 12 cm von den oberen Enden entfernt ein Loch mit 8 mm Durchmesser bohren. Umlenkrolle, Dachangel und Flacheisen miteinander verbinden. Dazu durch das vordere Loch in den Flacheisen und durch die Bohrung in der Dachangel eine Schlossschraube mit 4 mm Durchmesser als Achse für die Umlenkrolle stecken. Mit zwei Muttern Schlossschraube sichern. An der 8-mm-Bohrung im Flacheisen ein 8-mm-Loch durch die Dachangeln bohren und dann eine 8-mm-Gewindestange durchstecken. Die Gewindestange lässt man auf beiden Seiten ca. 5 cm aus der Dachangel herausragen, damit man bei Bedarf dort eine Abstützung anbringen kann (siehe Tipp). Dann noch an den hinteren Löchern in den Flacheisen diese an die Dachangel anschrauben.

4_Winde anbringen

Die Winde im unteren Bereich der Dachangel anbringen. Dazu an der Dachangel im Bereich der Löcher in der Windenfußplatte Markierungen anbringen. Die Dachangel an den Markierungen durchbohren und die Winde an der Dachangel festschrauben.

5_Seilführung anbringen

Das Seil über die Umlenkrolle legen und dann oben an der Stirnfläche der Dachangel zwei Lochbandstücken anschrauben.

6_Einhängevorrichtung anbringen

Etwa in der Mitte der Dachangel seitlich eine große Ringschraube eindrehen, in die der Karabiner, der Schäkel oder das Schraubnotglied eingehängt werden kann.

TIPP

Die Dachangel kann man auch zum Hochheben von Kanzelaufbauteilen auf die Kanzelböcke verwenden. Hierzu oben an die voll ausgezogene Dachangel zwei angeflachte (10°) und unten mit einem 80 cm langen Brett verbundene Holzlatten (28 × 48 × 2000 cm) so anschrauben (siehe Bild), dass sich das Fußauflagerholz im zusammengeklappten Zustand 7 cm unter dem Brett befindet. Das Fußbodenauflagerholz vor dem Hochkurbeln am Kanzelboden fixieren, z. B. anschrauben.

Zum Fallenstellen

Mit Fallen kann man Tiere aller Art fangen oder mit Fotofallen Bilder von ihnen schießen, ohne ständig an deren Aufenthaltsort sein zu müssen. Damit sind sie aber auch besonders diebstahlgefährdet. Verblenden und Aufstellen an Orten, wo sie nicht jedermann gleich sieht, können hier helfen. Sie haben aber auch noch weitere Nachteile und sind vielfach umstritten: Fotofallen insbesondere wegen des Datenschutzes und normale Fallen je nach Typ wegen der Gefahr von Fehlfängen, aus Tierschutzgründen und wegen der Verletzungsgefahr für andere Personen. Man muss daher sehr verantwortungsvoll mit ihnen umgehen.

Anlegeklappleiter

Herstellung: einfach

Eine Fotofalle erhöht an einem Baum zu befestigen hat mehrere Vorteile. Sie wird zunächst einmal vom Wild nicht so leicht wahrgenommen. Der Infrarotblitz älterer Modelle ist nämlich keineswegs vollkommen unsichtbar. Zumindest bei Rehen konnte ich manchmal feststellen, dass sie sensibel auf die Kamera reagierten. Bei erhöhter Position der Kamera war dies nicht mehr der Fall.

Etwas weiter oben angebracht, dürfte die Fotofalle auch für Wanderer oder andere Naturbesucher weniger leicht gesehen werden. Dies und die doch etwas erschwerte Erreichbarkeit schützen vor Diebstahl.

Zum erhöhten Anbringen der Fotofalle habe ich mir eine kleine Anlegeleiter gebaut, bei der das obere Teil zum leichteren Transport im Auto eingeklappt werden kann.

Material

- 2 Kanthölzer 28 × 48 × 2000 cm
- 1 Brett 24 × 100 × 2500 cm
- 40 Senkkopfschrauben 5 × 60
- 2 Maschinenschrauben 8 × 80
- 4 Unterlegscheiben für M8
- 2 Flügelmuttern M8

Werkzeug

- Bleistift
- Winkel
- Meterstab
- Säge
- Akkubohrschrauber
- Bohrer
- Kegelsenker

Beschreibung

1_Leiterbau vorbereiten

An den Kanthölzern Markierungen anbringen in 28 cm, 56 cm, 84 cm, 112 cm und 115 cm Abstand von einem Ende. An der 115-cm-Markierung die Kanthölzer durchsägen. Die längeren Teile sind die Holme, die kürzeren die Holmverlängerungen. Die Leitersprossen werden später mit der Oberkante an den Markierungen auf die Holme daraufgemacht. Die Holme 20 cm von oben mit 8-mm-Bohrer rechtwinklig durchbohren. Die Holmverlängerungen 5 cm von einem Ende entfernt mit 8-mm-Bohrer rechtwinklig durchbohren.

2_Leiter fertigen

Vom Brett fünf 50 cm lange Stücke absägen. Vier der Brettstücke als Sprossen rechtwinklig auf die mit 46 cm Außenabstand parallel nebeneinandergelegten Holme schrauben.

3_Holmverlängerung anschrauben

Die Holmverlängerungen mit den Maschinenschrauben und Flügelmuttern an die Holme auf deren Innenseite schrauben.

4_Klappleiter fertigstellen

Die Holmverlängerungen einklappen und 3 cm vom oberen Ende entfernt das fünfte Brett anschrauben. Die Holmverlängerung ausklappen und das Anlegebrett oder die Leiterholme gegen einen Baum lehnen. Zum Transport die Holmverlängerung wieder einklappen.

TIPP

Die Leiter kann man auch in der Nähe der Fotofalle, versteckt und mit einer Kette gesichert, deponieren.

1_
2_
3_
4_

Kastenfalle

Herstellung: schwierig

Mit der hier beschriebenen Kastenfalle kann man vom Wiesel bis zum Jungfuchs alles fangen. Besonders geeignet ist sie aber zum Fang von Mardern in befriedeten Bezirken. Sie stellt für Menschen keine Gefahr dar, man kann versehentlich gefangene Katzen, Igel und auch Wild, das man umsetzen will, unversehrt wieder freilassen und die gefangenen Tiere geraten aufgrund des abgedunkelten Raumes nicht in Panik.

Im Handel gibt es Kastenfallen sowohl mit Fallklappen wie auch mit Falltüren. Die mit Fallklappen sind weniger sperrig und können z.B. auch in Durchlässe geschoben werden. Dafür muss hier eine gut funktionierende Klappenverriegelung vorgesehen werden. Im Folgenden wird eine Falle mit Falltüren beschrieben.

Material

- 2 Siebdruckplatten (**A**) 9 × 350 × 1500 cm
- 4 Kanthölzer (**B**) 28 × 48 × 620 cm
- 2 Kanthölzer (**C**) 28 × 48 × 1500 cm
- 2 Siebdruckplatten (**D**) 9 × 230 × 620 cm
- 6 Kanthölzer (**E**) 28 × 48 × 134 cm
- 2 Kanthölzer (**F**) 12 × 48 × 230 cm
- 2 Siebdruckplatten (**G**) 9 × 100 × 270 cm
- 4 Siebdruckplatten (**H**) 9 × 100 × 650 cm
- 4 Quadratleisten (**I**) 28 × 28 × 310 cm
- 4 Quadratleisten (**J**) 28 × 28 × 650 cm
- 2 Siebdruckplatten (**K**) 15 × 245 × 330 cm
- 2 Siebdruckplatten (**L**) 9 × 100 × 270 cm
- Siebdruckplatte (**N**) 9 × 220 × 250 cm
- Siebdruckplatte (**O**) 9 × 250 × 360 cm
- Siebdruckplatte (**S**) 9 × 245 × 1490 cm
- Rundeisen (**M**) 8 × 380 cm
- Unterlegscheibe 8,4 × 25
- Rundeisen (**P**) 8 × 1940
- Rundeisen (**Q**) 8 × 220
- Senkkopfschrauben 4 × 35
- Gewindeschrauben 5 × 25
- 2 Gewindeschrauben 5 × 80
- Muttern M5
- U-Schrauben (z.B. von Seilklemmen)
- 2 Ringschrauben: Ringinnendurchmesser 8 mm, Schaftlänge 40 mm
- Drehhaken
- Punktschweißgitter 22 × 149 cm

Werkzeug

- Meterstab
- Bleistift
- Winkel
- Säge
- Akkubohrschrauber
- Kegelsenker
- Schraubzwingen
- Schraubendreher
- Schraubstock
- Fäustel
- Flex
- Gabelschlüssel
- Schweißgerät

Beschreibung

1_Seitenteile fertigen

Am unteren Rand der Seitenteile (**A**) jeweils zwei Latten (**B**) mit der schmaleren Seite anliegend und außen bündig mit den Seitenteilschmalseiten unterlegen. Einen Zentimeter unter dem oberen Rand jeweils eine obere Latte (**C**) mit der schmalen Seite anliegend unterlegen. Die Seitenteile an die Latten festschrauben. Dazu jeweils vorbohren und die Löcher mit einem Kegelsenker aufweiten.

2_Seitenteile mit Boden verbinden

Seitenteile auf ebener Fläche parallel nebeneinander hochstellen und vorne und hinten mit zwei Bodenplatten (**D**) miteinander verbinden. An den

Enden der Bodenplatten jeweils Lattenstücke (**E**) zwischen die unteren Latten der Seitenteile einpassen und festschrauben.

3_Seitenteile oben verbinden

Unter den Enden der oberen Latten der Seitenteile dünnere Lattenstücke (**F**) anschrauben. Zwischen die oberen Latten ebenfalls Lattenstücke mit derselben Länge wie unten einpassen. Die dünneren Lattenstücke mit diesen zusammenschrauben.

4_Führung für Fallentüren anbringen

An die Lattenstücke im Einlaufbereich unten jeweils Siebdruckplattenstreifen (**G**) so anschrauben, dass sie vorne 5 cm vorstehen. Links und rechts vom Einlaufbereich auch jeweils Siebdruckplattenstreifen (**H**) mit gleicher Breite und Überstand an die Seitenteile anschrauben. Hintere Führungshölzer (**I**) für die Falltüren bündig mit den Stirnseiten der Seitenteile an den Siebdruckplattenstreifen befestigen. Dazu Schrauben durch die Siebdruckplatten in

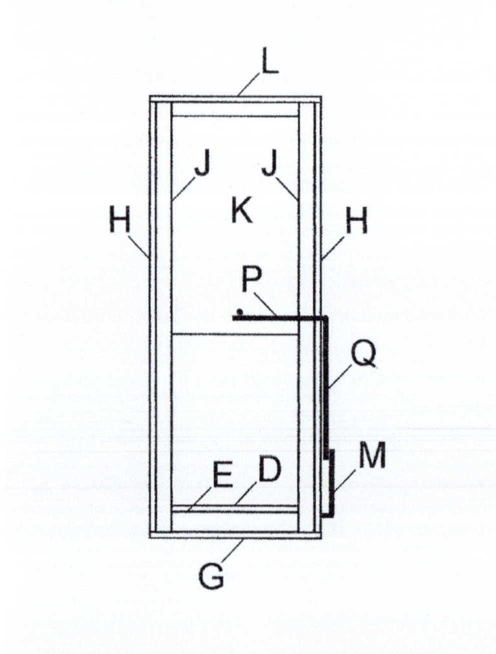

die Hölzer drehen. In gleicher Weise die vorderen Führungshölzer (**J**) für die Falltüren im Abstand von 20 mm zu den hinteren Führungshölzern an den Siebdruckplattenstreifen anbringen.

5_Falltür einsetzen

An den Falltüren (**K**) 3 cm über deren unteren Rand und mittig zwischen den Seitenrändern jeweils eine Maschinenschraube anbringen, die weit genug nach vorne hinausragt, dass sie auf dem später angebrachten Falltürenhalter aufgelegt werden kann. Falltüren einsetzen. Als Abdeckung (**L**) für die Falltüren oben jeweils einen weiteren Siebdruckplattenstreifen anbringen.

6_Auslösemechanismus anbringen

In der Mitte der Seitenteile und 2,5 cm über dem unteren Rand jeweils ein Loch mit 9 mm Durchmesser bohren. Ein 8 mm starkes Rundeisen (**M**) zu einem 90°-Winkel biegen, bei dem ein Schenkel (= Achse der Bodenwippe) 28 cm und der andere (= Haltedorn) 10 cm lang ist. Den längeren Schenkel auf der Innenseite des Winkels abflachen. Die Mitte der Bodenwippe (**N**) markieren und außen an dieser Markierung jeweils zwei Löcher bohren, die denselben Abstand und Durchmesser haben wie zwei u-förmige Schrauben. Den längeren Schenkel in das Loch eines Seitenteiles stecken, durch eine Unterlegscheibe führen und am anderen Loch etwas herausragen lassen. Den Haltedorn nach oben schwenken und den langen Schenkel mit den u-förmigen Schrauben an der Bodenwippe befestigen. Unter der Bodenwippe die Öffnung mit einer Bodenplatte (**O**) verschließen. Ein weiteres, gleich dickes Rundeisen (**P**) an den Enden jeweils um 90° umbiegen, sodass das Mittelteil 162 cm und die abgewinkelten Falltürhalter 16 cm lang sind. In der Mitte des Mittelteils senkrecht zu diesem Eisen und senkrecht zu den Falltürhaltern einen 22 cm langen Stelldorn (**Q**) anschweißen. Das Rundeisen mit zwei Ringschrauben seitlich so anbringen, dass der Stelldorn nach unten und die Falltürhalter horizontal

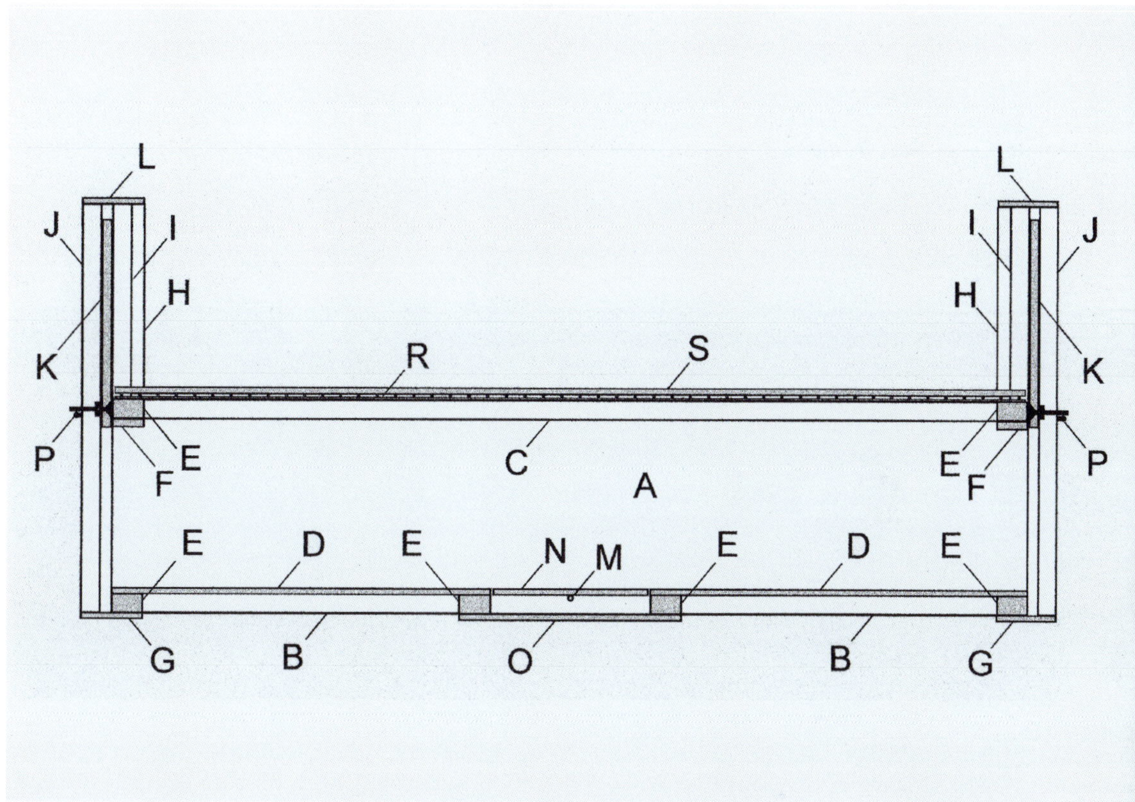

nach innen zeigen. Dazu die Ringschrauben jeweils durch Löcher stecken, die durch die vertikalen Siebdruckplattenstreifen (**H**) und die vorderen Führungshölzer (**I**) in 32 cm Höhe über den unteren Siebdruckplattenstreifen (**G**) gebohrt wurden. Einen Drehhaken neben dem Stelldorn eindrehen, damit dieser gesichert werden kann. Zum Fängischstellen der Falle wird außerdem ein Stück einer Holzlatte mit 31 cm Länge benötigt. Mit diesem wird auf einer Seite die Falltür hochgehalten, bis man auf der anderen Seite den Falltürhalter unter der herausragenden Schraube und den Stelldorn unter dem Haltedorn positioniert hat.

7_Abdeckung daraufmachen

Aus einem starkdrahtigen Gitter ein 22 cm breites und 149 cm langes Stück herausflexen. Das Abdeckgitter (**R**) auflegen und mit Drehhaken sichern. An einer 24,5 cm breiten und 149 cm langen Siebdruckplatte an den Ecken jeweils etwa 3 × 3 cm große Quadrate wegsägen, sodass sie auf den Kasten passt. Diese Abdeckplatte (**S**) ebenfalls mit Drehhaken sichern.

TIPP

Die beköderte Falle mit gesichertem Stelldorn aufstellen und erst dann fängisch stellen, wenn sie angenommen wurde. Dadurch können bei weiter entfernten oder abseits gelegenen Fangorten unnötige Revierfahrten oder -gänge vermieden werden.

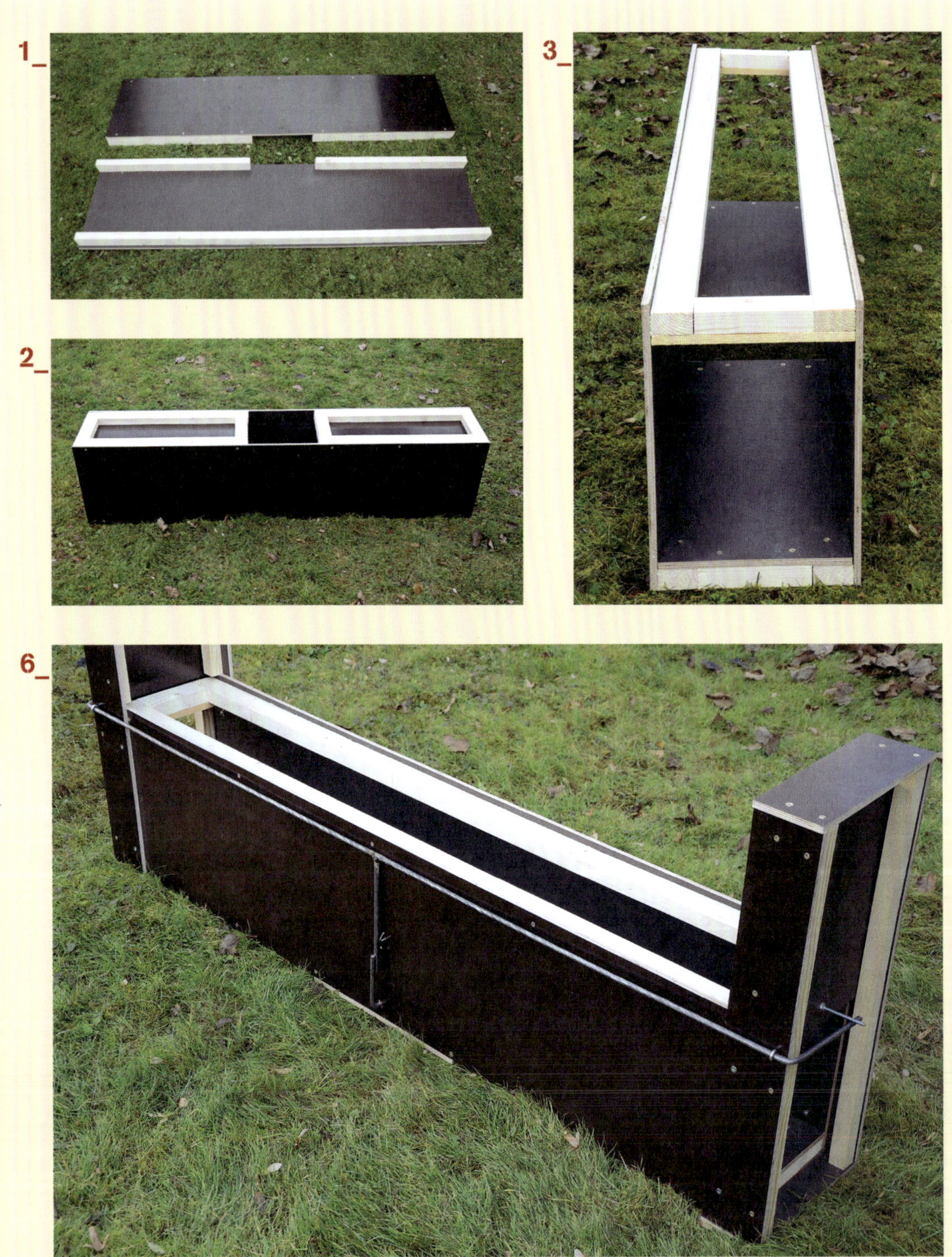
1_
2_
3_
6_

4_
5_
6A_
7_

Marderfangkiste für Eiabzugseisen

Herstellung: mittelschwer

Wer Totschlagfallen im Revier einsetzt, muss sich mit den jagdrechtlichen Bestimmungen auseinandersetzen, denn sie können nicht nur Tiere töten, sondern auch Menschen verletzen. Außer bei kleinen Fallen, wie z.B. Mäuse- oder Rattenfallen, ist daher eine vor unberechtigtem Zugriff gesicherte Aufstellung ratsam. Höchste Sicherheit bietet hier meiner Meinung nach nur die abgesperrte Fangkiste. Wer hier das Schloss aufbricht, ist dann wohl selbst schuld. Die hier vorgestellte Marderfangkiste für die am häufigsten verwendeten Eiabzugseisen mit 36 bis 38 cm Bügelweite schützt aber nicht nur vor Missbrauch durch andere Personen, sondern sorgt auch für selektives Fangen und weitestgehend sichere sofortige Tötung. Einschlupflöcher von 8 cm Durchmesser verhindern den Zugang für Katzen, eine Nutzung ausschließlich im Winter den Fang von Igeln. Durch die Anbringung der Einschlupflöcher am Ende einer Längsseite und Positionierung des festen Bügels an der Schmalseite auf der anderen Seite sowie der Anbringung des Eies auf dem Löffel mit den Polen zu den Längsseiten sorgen wir außerdem dafür, dass der Marder über den losen Bügel kommt (Genickfang). Damit haben wir alles getan, um nicht nur andere Personen nicht zu gefährden, sondern auch, um den Marder möglichst sicher schnell zu töten. Es bleibt nur noch, sich vor eigenen Verletzungen zu schützen. Nicht nur der Schwanenhals, sondern auch das Eiabzugseisen ist nämlich nicht ganz ungefährlich. Bevor man daher das Eiabzugseisen spannt und in die nachfolgend beschriebene, für den Transport zerlegbare Fangkiste legt, sollte man sich mit dessen Funktionsweise, insbesondere dessen Sicherungen, intensiv befassen.

Material

- 2 Sperrholzplatten (**A**) 12 × 445 × 900 cm
- 4 Kantholzstücke (**B**) 28 × 48 × 100 cm
- 4 Kantholzstücke (**C**) 28 × 48 × 100 cm
- 4 Quadratleistenstücke (**D**) 28 × 28 × 100 cm
- Brett bzw. Sperrholzplattenstreifen (**E**) 12 × 100 × 500 cm
- Sperrholzplatte (**F**) 12 × 524 × 924 cm
- 2 Sperrholzplatten (**G**) 12 × 445 × 524 cm
- Sperrholzplatte (**H**) 12 × 550 × 1000 cm
- Kantholz (**I**) 28 × 48 × 550 cm
- Senkkopfschrauben 4 × 35
- 4 Schrauben 5 × 40
- 4 Schlossschrauben 6 × 50
- 4 Flügelmuttern M6
- 4 Scharniere 32 × 101
- Senkkopfschrauben 4 × 16
- 2 Schrauben 5 × 50
- 2 Winkelbleche

Werkzeug

- Meterstab
- Winkel
- Bleistift
- Zirkel
- Akkubohrschrauber
- Säge
- Feile
- Schraubendreher
- Flex
- Schraubzwingen

Beschreibung (siehe Grafik Seite 88)

1_Längere Seitenteile herrichten

An den längeren Seitenteilen (**A**) jeweils in einer Ecke ein Loch mit 8 cm Durchmesser heraussägen. Die Lochränder sollen 10 cm von den Seitenrändern entfernt sein. Diese mit einer Feile abrunden. An den Ecken der oberen Längsseite (gegenüber der Längsseite mit dem Loch) Kantholzstücke (**B**) und an den Ecken der unteren Längsseite Kantholzstücke (**C**) mit der schmaleren Seite zur Platte anbringen. Dazu die Kantholzstücke unter die

Seitenteile legen, vorbohren und dann Schrauben durch die Platte in die Hölzer drehen. Damit das Eiabzugseisen nicht freigescharrt werden kann, sollte direkt davor ein Brett angebracht werden. Dazu im Abstand von 55 cm von der Schmalseite, vor die das Eisen gelegt wird, an jedem Seitenteil zwei Quadratleistenstücke (**D**) im Abstand der Brettdicke befestigen. Die Hölzer zunächst anleimen und dann mit durch die Platten gedrehten Schrauben sichern. Zwischen diese Hölzer wird im zusammengebauten Zustand ein Brett (**E**) eingelegt.

2_Seitenteile anbringen

Die Mitte der unteren Kantholzstücke markieren. An der Markierung die Kantholzstücke mit einem 3-mm-Bohrer durchbohren. Ein längeres Seitenteil bündig mit dem Rand der Bodenplatte (**F**) aufstellen, einen 65er-Nagel durch die Bohrlöcher stecken und leicht einschlagen (Markierung für Bohrlöcher im Boden). Den Nagel wieder entfernen und eine Schraube mit Schaft bis zu diesem in die Kantholzstücke eindrehen. Danach den herausstehenden Schraubenschaft auf eine Länge von etwa einem Zentimeter kürzen. In die Bodenplatte an den Markierungen jeweils Löcher mit Schraubenschaftdurchmesser bohren. Ein längeres Seitenteil wieder aufstellen. Ein schmäleres Seitenteil (**G**) ebenfalls aufstellen, mit dem Kantholzstück des längeren Seitenteiles oben mit einer Schlossschraube und einer Flügelmutter verbinden und unten mit zwei Scharnieren an der Bodenplatte anschrauben. Das andere schmale Seitenteil in gleicher Weise mit dem längeren Seitenteil und der Bodenplatte verbinden. Das zweite längere Seitenteil wie das erste aufstellen und an den oberen Ecken wieder mit den schmäleren Seitenteilen verbinden.

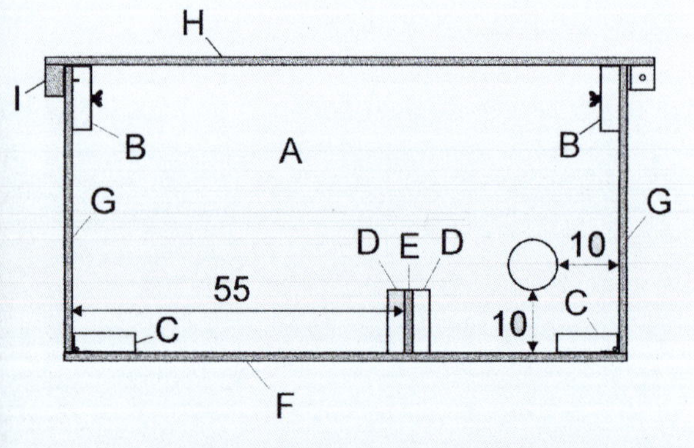

3_Deckel daraufmachen

An einer Schmalseite des Deckels (**H**) ein Kantholz (**I**) genauso wie bei den Kantholzstücken beschrieben befestigen. Den Deckel auflegen und etwa 10 cm von den Kantholzenden entfernt das Kantholz und das Seitenteil mit einem 3-mm-Bohrer durchbohren. Zwei Schrauben mit Schaft in das Kantholz bis zu diesem eindrehen und danach den Schraubenkopf abtrennen. Die Löcher im Seitenteil aufbohren. Die Löcher sollen 1 mm größer als der Schaftdurchmesser sein. Den Deckel auflegen und die Schraubenschäfte in die aufgebohrten Löcher des Seitenteiles stecken. Mit zwei Winkeln einen Deckelverschluss auf der anderen Deckelseite fertigen. Einen Winkel an das schmälere Seitenteil oben so festmachen, dass der abstehende Winkelschenkel sich in der Mitte des Seitenteils befindet. Den anderen Winkel an den Deckel so anschrauben, dass der abstehende Winkelschenkel am abstehenden Winkelschenkel des Seitenteils anliegt. Durch diese Winkelschenkel – soweit noch nicht vorhanden – ein Loch bohren, in das ein Schloss eingehängt werden kann.

4_Falle einbauen

Gespannte und gesicherte Falle so einlegen, dass der feste Bügel zur Schmalseite gegenüber der Schmalseite mit den Einschlupflöchern liegt. Brett (**E**) einlegen. Falle mit Fichtennadelstreu verblenden. Auch den Einschlupfbereich mit Fichtennadelstreu bis auf Höhe des Brettes auffüllen. Falle entsichern.

1_
2_
3_
4_

Für die Wildversorgung

Erlegtes größeres Wild, insbesondere Schalenwild, muss erst einmal geborgen werden. Je nach Gewicht, Gelände und Transportweg können hier einige Dinge sehr hilfreich sein. Nach der Bergung, bei sehr schwerem Wild manchmal auch davor, sollte Schalenwild dann möglichst schnell aufgebrochen werden. Ein Aufbrechbock kann hier die Arbeit erleichtern. Zu Hause wird dann aus der Decke geschlagen und zerlegt. Als Letztes sind bei männlichen Stücken noch die Trophäen zu präparieren und gegebenenfalls auf einem schönen Schild anzubringen.

Kleine Bergehilfe

Herstellung: einfach

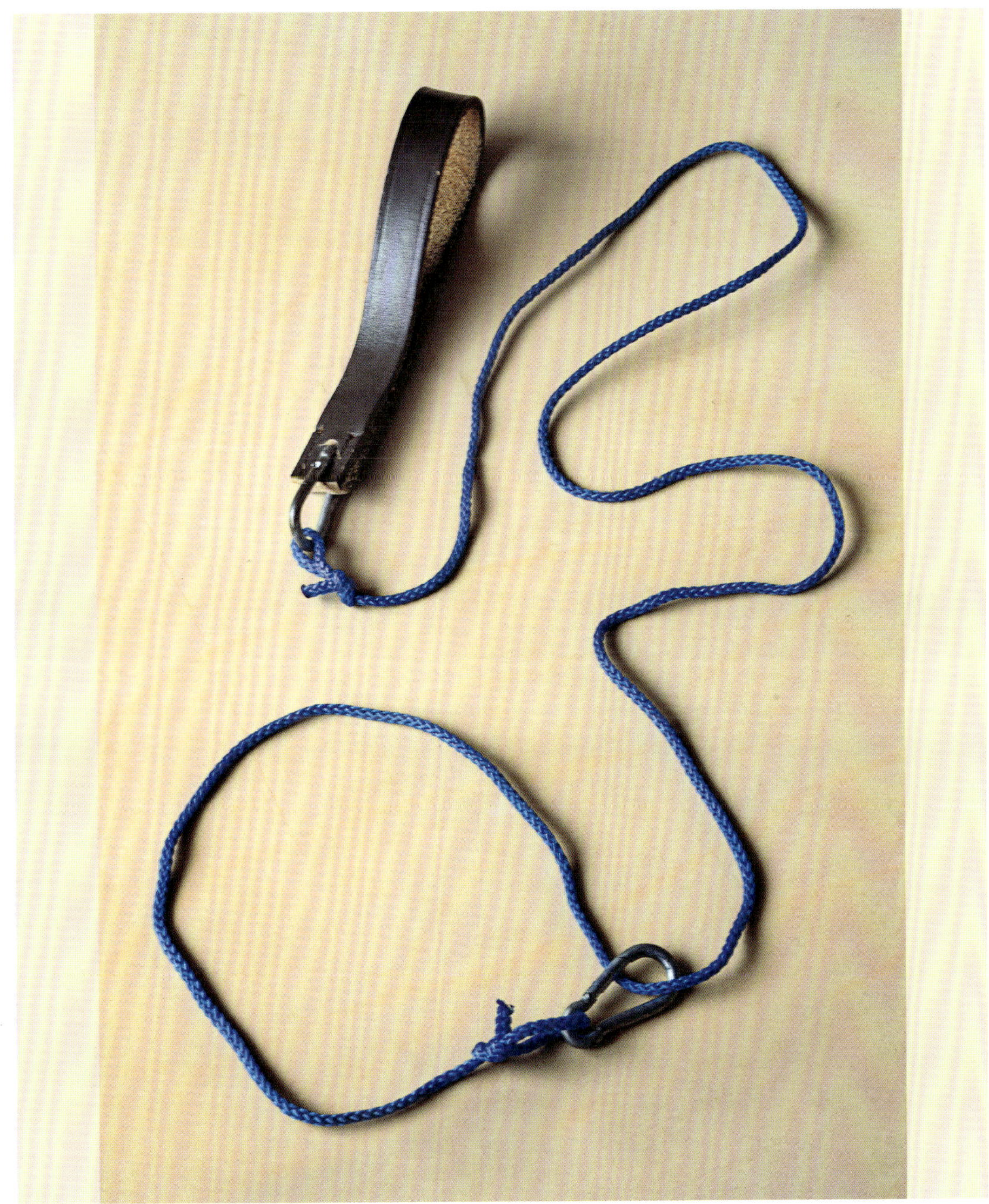

Wer schon öfter ein schweres Reh einen Steilhang hinaufgezogen oder eine lange Strecke hinter sich nachgeschleift hat, der weiß, wie hilfreich hier selbst gebaute oder gekaufte kleine Bergehilfen sein können. Meine besteht aus Handschlaufe, Karabiner, Schnur und noch mal Karabiner. Die Handschlaufe entlastet die Finger und die 120 cm lange Schnur erleichtert die Bergung im steilen Gelände. Man steigt hier selbst wenige Schritte hoch, bis man gut steht, zieht das erlegte Stück nach, steigt wieder weiter usw. Auch kann ich mit der Schnur, die ich normalerweise um den Träger lege und die Vorderläufe darunter einfädle, z. B. durch Doppeltnehmen oder mehrmaliges Umwickeln des Trägers, die »Schlepplänge« variabel einstellen. Kurze Schlepplängen erleichtern eine Bergung über Hindernisse, längere Schlepplängen verhindern z. B. Verschmutzungen der Kleidung durch Schweiß. Je nach Situation kann man selbst entscheiden, was jeweils besser ist. In jedem Fall ist aber die kleine Bergehilfe oft von großem Vorteil, sodass ich sie seit längerer Zeit fast ständig auf der Jagd dabeihabe. Sie wird folgendermaßen hergestellt:

Material

- Lederriemen etwa 2 cm breit, ca. 33 cm lang (je nach Handgröße)
- Schnur 3 mm Durchmesser, 140 cm lang
- 2 kleine Karabiner

Werkzeug

- Meterstab
- Messer
- Lochzange
- Feuerzeug zum Verschweißen der Schnurenden

Beschreibung

1_Handschlaufe fertigen

Von einem Lederriemen ein Stück mit etwa 33 cm Länge abschneiden. Jeweils 1,5 cm von den Enden entfernt ein 3 mm großes Loch herausstanzen. Durch die Löcher einen kleinen Karabiner einhaken.

2_Bergehilfe fertigstellen

An einer Schnur mit 3 mm Durchmesser und 140 cm Länge auf beiden Seiten eine sich nicht zuziehende Schlinge knüpfen. Ein guter Schlingenknoten hierfür ist der Palstek (siehe Abbildung). Die Schnur mit den Schlingen soll noch etwa 120 cm lang sein. Eine Schlinge in den Karabiner an der Handschlaufe legen. In die andere Schlinge einen kleinen Karabiner einhängen.

TIPP

Beim Transport von zwei Eimern mit Apfeltrester über längere Strecken zum Kirren kann man deren Henkel auch jeweils an einem der Karabiner einhängen und mit über den Nacken gelegter Schnur diese tragen, ohne dass einem irgendwann die Hände schmerzen. Noch komfortabler geht dies allerdings, wenn man an den Enden eines breiten und weichen Fernglasgurtes jeweils Karabiner anbringt und diesen dann in gleicher Weise verwendet.

1_

2_

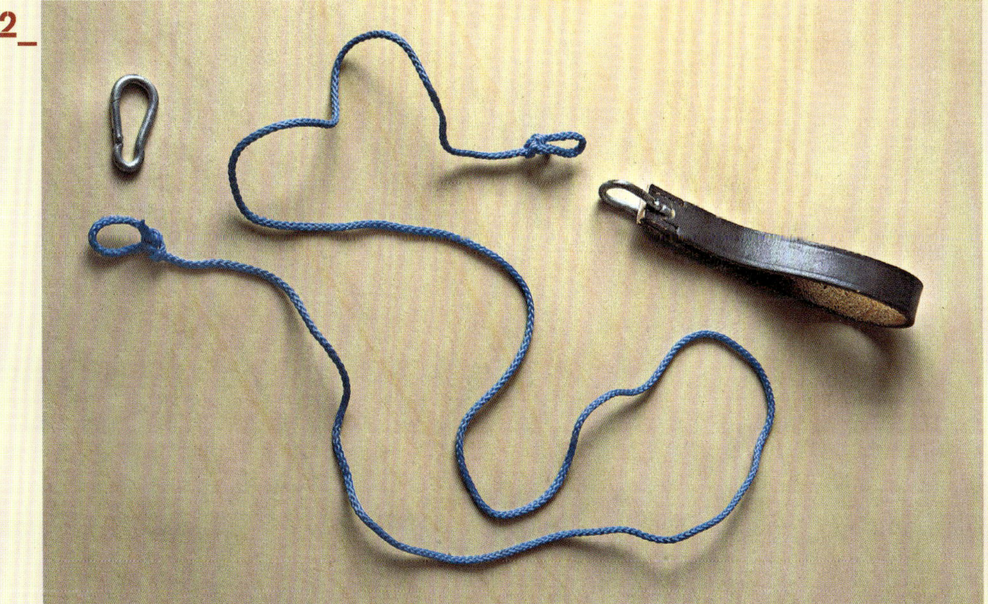

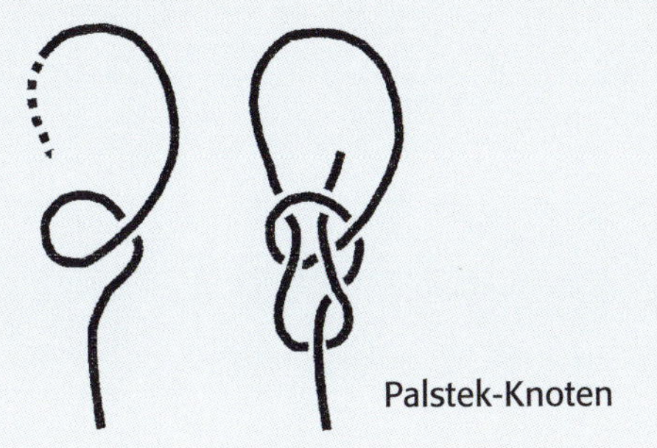

Palstek-Knoten

Schlepphilfe

Herstellung: einfach

Der Nachteil der kleinen Bergehilfe ist, dass man den Körper einseitig belastet. Für Gegenstände mit mehr als ca. 30 kg Gewicht sind deshalb zwei Schultergurte statt der Handschlaufe besser. Außerdem hat man dann beide Hände frei bzw. es können auch zwei Personen jeweils an einem Gurt ziehen. Meine Schlepphilfe besteht aus zwei Schultergurten, zwei Karabinern, einem 90 cm langen Strick und Schnüren verschiedener Längen zur Befestigung des zu schleppenden Gegenstandes. Die Schnüre erhalten an beiden Seiten eine Schlinge, eine kommt in den Karabiner, mit der anderen wird eine große Schlinge gebildet, die wie bei der kleinen Bergehilfe um Träger und Vorderläufe gelegt wird. Der Strick zwischen den Schultergurten und den Schnüren wird dabei übermäßig dick gewählt, damit er z.B. zum Anheben an Hindernisse besser gehalten werden kann. Die Schlepphilfe wird folgendermaßen hergestellt:

Material

- 2 Gurte 4 bis 5 cm breit, 130 cm lang
- Zwirn
- 2 Ringe Innendurchmesser etwa 4 cm
- 2 Karabiner
- Strick etwa 1 cm Durchmesser, 140 cm lang
- Schnüre etwa 5 bis 7 mm Durchmesser, Längen s.o.

Werkzeug

- Nadel oder Handnähapparat
- Schere
- Meterstab
- Messer
- Feuerzeug zum Verschweißen der Schnurenden

Beschreibung

1_Schultergurte fertigen

Das Ende eines breiten Gurtes durch einen großen Ring ziehen und gleich danach an den Gurt nähen. Mit dem anderen Ende eine große Schlinge bilden und das Ende ebenfalls festnähen. Der Abstand zwischen Ring und Schlingenende sollte etwa 65 cm betragen. Zweiten Schultergurt in gleicher Weise fertigen. Die Ringe in einen Karabiner einhängen. Ideal geeignet als Schultergurte sind auch alte Sicherheitsgurte.

2_Strick anbringen

An einem etwa 1 cm dicken und 140 cm langen Strick auf beiden Seiten eine sich nicht zuziehende Schlaufe knüpfen. Es kann wieder der bei der kleinen Bergehilfe dargestellte Palstek verwendet werden. Der Strick sollte mit den Schlingen noch etwa 90 cm lang sein. Eine Schlinge in den Karabiner an den Schultergurten legen. In die andere Schlinge einen Karabiner einhängen.

3_Befestigungsschnüre knoten

Die Befestigungsschnüre sind wiederum einfach Schnüre mit Schlingen an den Enden. Für unterschiedliche Wildarten bzw. Gegenstände sind unterschiedliche Längen der Befestigungsschnüre von Vorteil. Die Befestigungsschnüre sollten etwa 5 bis 7 mm stark sein. Meine Schnüre sind mit den Schlingen etwa 60 und 140 cm lang. Die Schlepphilfe, die zweite Befestigungsschnur und weiteres Seilmaterial für alle Fälle bewahre ich in einem Stoffbeutel auf, der fast immer im Kofferraum liegt.

1_

2_

3_

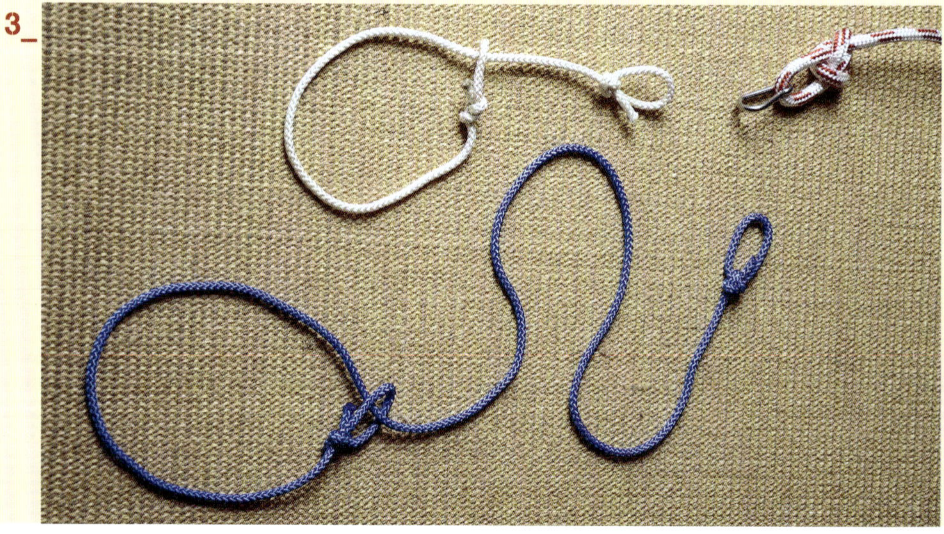

TIPP

Die Schlepphilfe kann auch gut zum Transport von schwereren Fichtenstangen über längere Strecken benutzt werden. Bei vielen Hindernissen am Boden (Wurzelstöcke und Astwerk) kommt es allerdings öfter vor, dass man hängen bleibt. Um dies zu vermeiden, kann man vorne an der Stange eine Zughaube anbringen. Diese kann man aus einem kurzen PVC-Rohrstück DN 150 mit passendem 67°-Bogen herstellen.

Verladerampe

Herstellung: mittelschwer

Im Idealfall kann man auch mit dem Auto direkt zu erlegtem schwerem Wild hinfahren. Aber auch in diesem Fall muss man erst einmal schauen, wie man dieses alleine auf einen Heckträger oder Anhänger bringt. Ich habe mir dafür eine Verladerampe gebaut, die zusammengeklappt genau in den Heckträger passt und bei Bedarf hinten an diesen angehängt werden kann. Mit einer Ratsche lässt sich dann schweres Wild genauso wie andere Gegenstände mit Gewichten auch über der zulässigen Belastung des Heckträgers hochziehen. Ideal ist die Rampe beispielsweise auch für den Transport eines Silofasses (siehe Seite 101). Um dieses zum Hochratschen am Haken befestigen zu können, lege ich eine 135 cm lange Kette mit einem Karabiner an einem Ende um den Silofasshals. An die um den Fasshals gelegte Kette habe ich eine 125 cm lange Schnur an zwei gegenüberliegenden Punkten angeknüpft. Die Herstellung der Verladerampe selbst erfolgt folgendermaßen:

Material

- 4 Kanthölzer 45 × 70 × 900 cm (exakte Länge entsprechend Punkt 1)
- 2 Siebdruckplatten 12 × 400 × 900 cm (exakte Länge entsprechend Punkt 1)
- Senkkopfschrauben 5 × 35
- 2 Kistenbander
- Senkkopfschrauben 5 × 60
- 2 Flacheisen 4 × 20 × 250

Werkzeug

- Bleistift
- Meterstab
- Säge
- Akkubohrschrauber
- Wasserwaage
- Flex
- Schraubstock
- Fäustel
- Bohrmaschine

Beschreibung

1_Rampenteile fertigen

Die Innenbreite des Heckträgers bestimmen. Davon die Breite des hinteren Heckträgerprofils abziehen. Vier Kantholzriegel auf eine geringfügig kleinere Länge absägen. Zwei Siebdruckplatten mit 40 cm Breite und eben auch dieser Länge beschaffen. Die Kanthölzer am Rand der Siebdruckplatten an diese anschrauben. Dazu Schrauben 5 × 35 in einem Abstand von maximal 15 cm eindrehen.

2_Rampenteile verbinden

Die Rampenteile mit den Kanthölzern nach unten auf eine ebene Fläche legen. Die Teile müssen sich berühren und in einer Linie liegen. Die Teile mit je einem stabilen Kistenband von 40 mm Breite und 30 cm Länge auf jeder Seite verbinden. Dazu ausreichend starke Schrauben, z.B. Schrauben 5 × 60, verwenden und die Kistenbänder im Bereich der Kanthölzer positionieren.

3_Rampe fertigstellen

Auto mit Heckträger auf ebene Fläche stellen. Rampe mit dem oberen Ende gerade noch am Träger aufliegend positionieren. Wasserwaage an den Kanthölzern 1 cm über der Siebdruckplatte anlegen und dort einen waagrechten Strich an den Kanthölzern anbringen. Die angezeichneten Keile wegsägen.

1_
2_
3_

Von einem Flacheisen 4 × 20 zwei Stücke mit je 25 cm Länge mit der Flex abtrennen. Die Stücke nacheinander einen Zentimeter in den Schraubstock ragend in diesen einspannen und durch Drücken und gleichzeitiges Schlagen mit einem Fäustel um 90° umbiegen. Die Breite des hinteren Heckprofils bestimmen und dieses Maß an den Flacheisenstücken anzeichnen. Die Flacheisenstücke bis zu dieser Markierung in den Schraubstock ragend nochmals einspannen und wie zuvor, aber nur entsprechend dem spitzen Winkel des vom Kantholz abgesägten Keils umbiegen. Durch die Flacheisenstücke drei Löcher bohren und sie gegenüber den Kanthölzern an die Rampe schrauben.

TIPP

Zum Transport vieler Silofässer (in verschiedenen Größen) mit dem Pkw-Anhänger sind zwei Bretter 3 × 26 × 200 cm mit Winkeln zum Einhängen in die heruntergeklappte Rückwand ideal. Wenn man etwas Abstand zwischen diesen Brettern lässt, kann man die Fässer alleine sowohl hinaufrollen als auch mit einem Sackkarren hinaufschieben.
Mithilfe einer zweiten Person geht es dann aber natürlich viel leichter.

Aufbrechbock

Herstellung: einfach

Wenn möglich, erledigen wir Arbeiten auf einem »Tisch«, z. B. beim Kochen auf der Küchenplatte, im Büro am Schreibtisch, beim Heimwerken an der Werkbank. Viele Arbeiten sind in aufrechter oder sitzender Haltung einfach angenehmer auszuführen als in gebückter. Dies gilt ebenso für das Aufbrechen von Wild. Seit ich die von mir erlegten Rehe fast ausschließlich auf einem Aufbrechbock versorge, möchte ich diesen nicht mehr missen. So wird er gebaut:

Material

- 2 Kanthölzer 38 × 58 × 2000 cm
- 3 Leimholzbretter 18 × 250 × 800 cm
- 2 Siebdruckplatten 12 × 250 × 900 cm
- 24 Senkkopfschrauben 4,5 × 50
- 8 Senkkopfschrauben 4 × 35
- 2 Ringschrauben
- 2 Drahtstücke

Werkzeug

- Bleistift
- Winkel
- Meterstab
- Stichsäge
- Japansäge
- Zwingen
- Feile
- Akkubohrschrauber
- Bohrer
- Kegelsenker
- Zange

Beschreibung

1_. Breitseitenbretter
An einem Leimholzbrett 18 × 250 × 800 die Konturen der beiden Breitseiten wie im Bild dargestellt anzeichnen. Die Auflagebretter erhalten damit ein Gefälle von 1:4.

2_Zusägen
Die beiden Breitseitenbretter aussägen. Die Bretter mit Zwingen zusammenklemmen und die Auflageflächen bei Bedarf glatt feilen.

3_Erste Breitseite
Zwei Kanthölzer mit 40 cm Außenabstand parallel nebeneinanderlegen. An diesen 85 cm von unten Markierungen anbringen. Ein Breitseitenbrett mit der Oberkante an den Markierungen auf die Kanthölzer legen und an diesen festschrauben. Die Kanthölzer direkt über dem Breitseitenbrett durchsägen.

4_Zweite Breitseite
Die erste Breitseite mit den Kanthölzern nach oben auf eine ebene Fläche legen. Die Kanthölzer der zweiten Breitseite mit denen der ersten zusammenklemmen. Das zweite Breitseitenbrett wie zuvor auf die Kanthölzer schrauben und dann die Kanthölzer über dem Breitseitenbrett durchsägen.

5_Gestell zusammenbauen
Die beiden Breitseiten mit je einem Kantholz auf einer ebenen Fläche aufliegend und mit einem Außenabstand von 80 cm parallel zueinander aufstellen. Oben ein Längsseitenbrett aufschrauben. Das Ganze umdrehen und das zweite Längsseitenbrett anbringen.

6_Auflagen anbringen
Auf das Gestell die Auflagebretter daraufschrauben. Bei Verwendung von Siebdruckplatten als Auflage die glatte Seite nach oben legen. Anmerkung: Man kann auch die viel billigeren Leimholzbretter als Auflage nehmen. Die glatte Beschichtung der Siebdruckplatten erleichtert allerdings die Reinigung.

7_Fertigstellen
An den »hinteren« Enden der Auflagebretter außen jeweils eine Ringschraube eindrehen. An den Ringschrauben ein Stück Draht zum Fixieren der Hinterläufe des Wildes beim Aufbrechen anbringen. Durch das vordere Breitseitenbrett ein großes Loch bohren oder aussägen. Durch das Loch kann eine Kette zur Sicherung des Aufbrechbockes gegen Diebstahl geführt werden. Den Stoß zwischen den Auflagebrettern abdichten, z.B. mit einem breiten Klebeband.

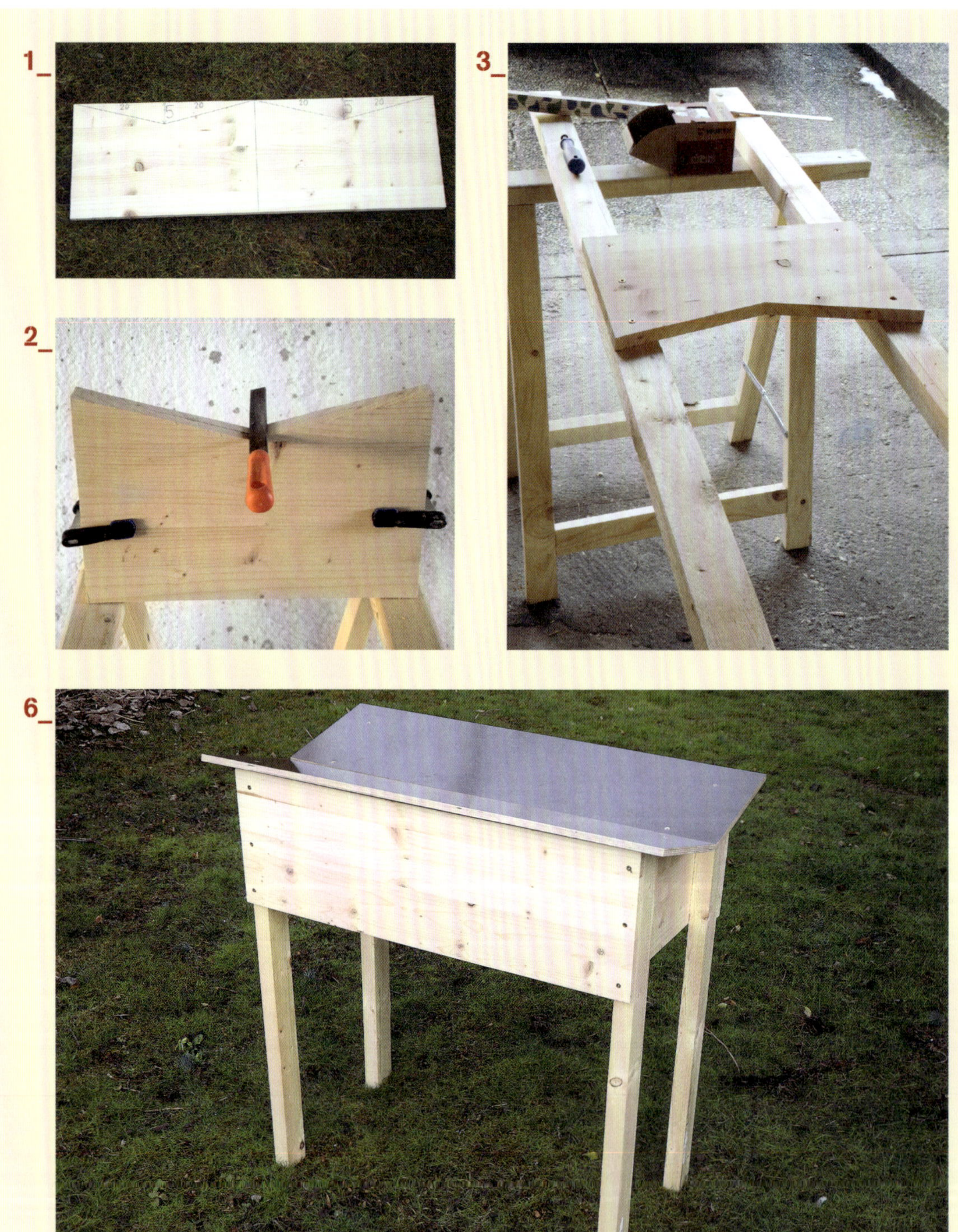
1_
2_
3_
6_

4_

TIPP

Wenn man den Aufbrechbock »stationär« benützt, kann man zur Erhöhung der Stabilität dessen Beine auch verpflocken.

5_

7_

Trophäenschilder

Herstellung: schwierig

Für mich sind manche Trophäen, ob stark oder schwach, einfach wertvolle Erinnerungen an schöne Jagderlebnisse. Wenn ich dann schon das eine oder andere Erinnerungsstück an die Wand hänge, dann soll es auch auf einem schönen Trophäenschild aufgemacht sein und nicht auf einem der vielen 08/15-Brettchen, die man überall billig kaufen kann. Wobei man über Schönheit hier allerdings auch streiten kann. Klassische Motive, wie Eichenlaub oder sonstige Pflanzenteile, z. B. Latschenzweige bei der Gams, sind aber wie beim letzten Bissen hier meiner Meinung nach gut passend. Aber natürlich kann hier jeder auch andere Motive, die ihm besser gefallen, wählen. Die nachfolgende Anleitung kann daher nur ein Beispiel dafür sein, wie man ein Trophäenschild gestalten könnte.

Material

- Brett aus Weichholz, z. B. Linde oder Zirbe, etwa 20 bis 25 mm dick

Werkzeug

- Bleistift
- Papier
- Kohlepapier
- Säge, vorzugsweise Dekupiersäge
- Schnitzmesser
- Schnitzeisen, z. B. Strich 3/18 mm, Strich 7/8 mm, Strich 10/4 mm
- Skalpell
- Bohrer
- Akkuschraubbohrer

Beschreibung

1_Zeichnung anfertigen

Ein Trophäenschild besteht in der Regel aus einer ebenen, oft ovalen Fläche zum Aufsetzen der Trophäe und Gegenstände, die ganz oder teilweise um diese herum angeordnet sind, z. B. Wappen, Zweige, Blätter oder Ornamente. Eine Zeichnung fertigen, die zumindest die Umrisse der »Aufsetzfläche« und ggf. der Randelemente enthält. Die Größe und Form der ebenen Fläche sollte dabei der aufzusetzenden Trophäe entsprechend gewählt werden. Mit einem Kohlepapier die Zeichnung auf ein Brett übertragen. Dabei darauf achten, dass eventuell vorhandene Asteinschlüsse möglichst wenig das spätere Bearbeiten behindern.

2_Schild aussägen

Entlang der Umrisslinie das Schild aus dem Brett heraussägen.

3_Schild zurechtschnitzen

Mit Schnitzmesser und Schnitzeisen die ebene Fläche und deren Ränder bearbeiten, um die Sägespuren zu beseitigen, und – falls vorgesehen – die Randgegenstände herausarbeiten. Je nach Form und Größe der Randgegenstände sind hierfür mehr oder weniger Schnitzeisen von Vorteil. Die Eisen werden unterschieden nach Wölbung (Strich 1 = flach, Strich 11 = sehr stark gewölbt) und Breite. Bei der Werkzeugliste habe ich beispielhaft die von mir regelmäßig verwendeten Eisen für mein »Rehwildbrettl« angegeben. Für feinere Arbeiten nehme ich zusätzlich auch noch ein Skalpell zu Hilfe. Da ich alle Trophäenschilder ähnlich gestalte und mich als bildhauerischer Laie auf das Nötigste beschränke, hält sich hier der Aufwand noch in Grenzen.

4_Schild fertigstellen

Zur Befestigung an einem Wandhaken mittig im oberen Bereich auf der Rückseite ein schräg nach oben führendes Loch in das Schild hinein-, aber nicht durchbohren. Die Trophäe am Schild befestigen. Dies kann z. B. durch Anleimen, mit im Handel erhältlichen Montageklammern oder Anschrauben an hinten im Schädel verankerte Hölzer erfolgen.

1_

2_

3_

4_

TIPP

Ob man nun gerne schnitzt und sich stundenlang mit einem Stück Holz beschäftigen will oder ob man ganz einfache, z. B. durch Schrägschnitt aus Birkenstämmen gewonnene Brettchen bevorzugt, muss jeder für sich entscheiden. An einer Wand aufgehängte Trophäen sollten aber immer an ähnlichen bzw. zueinander passenden Schildern befestigt sein.

Schlussbemerkung

So, jetzt ist Schluss mit der Bastlerei. Dabei gäbe es noch so viele Jagdsachen, die man selbst machen könnte. Die deutschen Jagdzeitungen sind voll mit entsprechenden Vorschlägen; mindestens jeden Monat werden dort Beiträge über die Herstellung von Jagdzubehör veröffentlicht. Eine umfassende und abschließende Vorstellung aller selbst herzustellenden, jagdlichen Dinge ist daher ohnehin nicht möglich. Andererseits werden viele Zubehörteile, die in diesem Buch enthalten sind, für den Einzelnen bereits uninteressant und damit zu viel sein. Manche dürfen z. B. gar nicht füttern oder Fallen stellen, andere werden niemals durch ihr kleines Revier pirschen und wieder andere würden niemals auch nur darüber nachdenken, ob man die ohnehin nur widerwillig für die Hegeschau präparierte Trophäe auch noch auf ein zeitaufwendig herzustellendes Schild montieren sollte. Daher war mir von Anfang an klar, dass man hier bei der Vorstellung des selbst herzustellenden Jagdzubehörs weder Vollständigkeit noch praktischen Nutzen für alle anstreben kann. Von daher wäre ich schon zufrieden, wenn Ihnen die eine oder andere Anleitung nützlich ist, und erst recht, wenn ich meinen Spaß an der Bastlerei etwas an Sie weitergegeben habe.

Stichwortverzeichnis

Über den Autor

Dr. Anton Schmid – Nach Aussage der Eltern lautete sein erster Satz: »Akob, Hammi bauk i« (»Jakob« – das war der Name eines Vorarbeiters im Baugeschäft des Vaters – »ich brauche einen Hammer«). Trotz dieses erfolgversprechenden Anfangs wurde aus dem »Tonerl« (kleiner Anton) dann aber leider doch kein richtiger Handwerker, sondern ein Bauingenieur. Die Prägung in der Jugend durch das Baugeschäft kam aber wieder zutage, als sich der Autor der Jagd widmete. Der Bau von Hochsitzen war dabei eine seiner liebsten Beschäftigungen. Hierüber hat er dann auch zahlreiche Fachartikel und das BLV-Buch »Hochsitzbau – einfach und praktisch« geschrieben. Seine Freude an der Herstellung jagdlicher Dinge beschränkte sich jedoch zu keiner Zeit nur auf Hochsitze. Für einen Bauingenieur waren diese kleinen Bauwerke zwar von besonderem Interesse, die Herstellung anderer Sachen machte ihm aber genauso viel Spaß. Die Erfahrungen bei diesem Selbermachen von »Jägersachen« möchte er nun mit diesem Buch weitergeben.

Impressum

Bibliografische Information der Deutschen Nationalbibliothek
Die Deutsche Nationalbibliothek verzeichnet diese Publikation in der Deutschen Nationalbibliografie; detaillierte bibliografische Daten sind im Internet über http://dnb.d-nb.de abrufbar.

BLV Buchverlag
GmbH & Co. KG
80636 München

 www.facebook.com/blvVerlag

Bildnachweis
Alle Fotos und Grafiken vom Autor

Umschlagkonzeption und -gestaltung: BLV-Verlag
Umschlagfotos: Anton Schmid

Lektorat: Gerhard Seilmeier
Layoutkonzept Innenteil und Herstellung: Ruth Bost
Satz und Layout: Uhl + Massopust, Aalen

Gedruckt auf chlorfrei gebleichtem Papier

Printed in Germany
ISBN 978-3-8354-1797-7

Hinweis
Das vorliegende Buch wurde sorgfältig erarbeitet. Dennoch erfolgen alle Angaben ohne Gewähr. Weder Autor noch Verlag können für eventuelle Nachteile oder Schäden, die aus den im Buch vorgestellten Informationen resultieren, eine Haftung übernehmen.